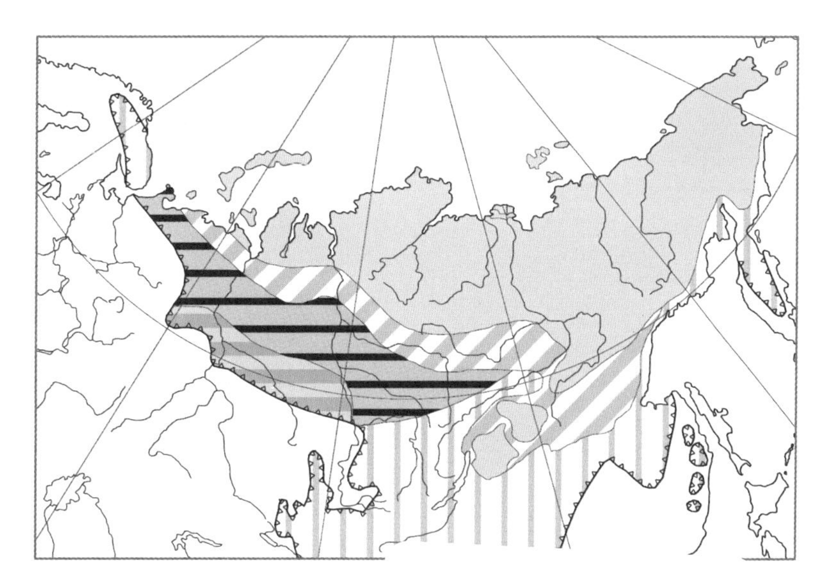

“寒区水科学与国际河流研究”系列丛书 9

寒区冻结层上水

[俄] В.В.Шепелёв　著

戴长雷　李卉玉　孙颖娜　张一丁　王　敏　于成刚　苗兴亚　刘　月　译

·北京·

内 容 提 要

本书是作者多年从事冻结层上水研究成果的结晶。本书共7章，分别为：绪论，寒区地下水基本概念，冻结层上水的形成、分布和排泄，自然环境因素对冻结层上水补给的影响，天然条件下冻结层上水的水文情势，人类活动对冻结层上水的影响，以及结论。

本书适合从事地理、地质和建筑工程等领域的科研院校的研究和学习的专业人员。

图书在版编目（CIP）数据

寒区冻结层上水. 9 /（俄罗斯）舍佩廖夫著 ; 戴长雷等译. -- 北京 : 中国水利水电出版社, 2016.12
（寒区水科学与国际河流研究系列丛书）
ISBN 978-7-5170-2858-1

Ⅰ. ①寒… Ⅱ. ①舍… ②戴… Ⅲ. ①寒冷地区—河流—活动层—水文分析 Ⅳ. ①P931.8

中国版本图书馆CIP数据核字(2014)第313618号

书　　名	"寒区水科学与国际河流研究"系列丛书 9 **寒区冻结层上水　HANQU DONGJIECENGSHANGSHUI**
原 书 名	НАДМЕРЗЛОТНЫЕ ВОДЫ КРИОЛИТОЗОНЫ
作　　者	[俄] В.В.Шепелёв　著
译　　者	戴长雷　李卉玉　孙颖娜　张一丁 王　敏　于成刚　苗兴亚　刘　月　译
出版发行	中国水利水电出版社 （北京市海淀区玉渊潭南路1号D座　100038） 网址：www.waterpub.com.cn E-mail：sales@waterpub.com.cn 电话：（010）68367658（营销中心）
经　　售	北京科水图书销售中心（零售） 电话：（010）88383994、63202643、68545874 全国各地新华书店和相关出版物销售网点
排　　版	北京图语包装设计有限公司
印　　刷	北京博图彩色印刷有限公司
规　　格	170mm×240mm　16开本　9印张　181千字
版　　次	2016年12月第1版　2016年12月第1次印刷
印　　数	0001—1000册
定　　价	**52.00元**

译者说明

出生于1941年的维克多·瓦西里耶维奇·舍佩廖夫教授（详细信息见附录1），现为俄罗斯科学院西伯利亚分院麦尔尼科夫冻土研究所（该研究所在中国通常被称为西伯利亚冻土所）科研副所长、萨哈（雅库特）共和国科学院院士、俄罗斯工程院通讯院士，长期致力于寒区地下水相关方向的科研和教学工作。其代表性论著包括《寒区冻结层上水》（新西伯利亚科技出版社，2011）、《寒区地下水循环》（俄罗斯东部地下水，2012）、《寒区地下水监测》（与人合著，雅库特出版社，2002）等。立足于作者扎实的理论基础、俄罗斯广袤的寒区环境以及西伯利亚冻土所丰富的监测数据，相关研究成果在寒区地下水领域达到了世界一流水平。

同样拥有广袤寒区（东北、西北、华北和青藏高原）的中国在相关方向的研究迄今则显得重视不够。当前，中国水文地质领域非常重要的两本书——《水文地质学基础（第6版）》（张人权、梁杏等编著，2011年1月，地质出版社）、《水文地质手册（第2版）》（中国地质调查局主编，2012年9月，地质出版社）——基本上没有涉及寒区地下水的内容。迄今据知，由中国地质大学（北京）水资源与环境学院主持编著的高等学校地下水系列教材（2010年12月，地质出版社，共11本）当中的《地下水科学专论》（周训、金晓媚等）用了总202页中1/9左右的篇幅对“多年冻土区地下水”进行了阐述，这算得上是国内对寒区地下水阐述较为完整详细的权威材料了。

实际生活中，寒季或寒季与非寒季交互的时节，寒区存在大量需要寒区地下水理论支撑解决的问题。比方说，大小兴安岭山前地下水溢流积冰（又称地下水冰湖）问题、高寒区浅薄含水层地带渗渠取水设计问题、寒区管线工程的地下冰椎推挤破坏问题、寒区水库上游地下水浸没影响评价问题、包气带土壤冻融而促成的冻土保墒问题、季冻区春季融雪水入渗与融雪径流计算问题，等等。

很荣幸于2011年在俄罗斯米尔内的第9届国际冻土工程会议上结识舍佩廖夫教授，对寒区地下水的共同关注使我们保持了后续的联系。感谢舍佩廖夫教授于2013年初授权黑龙江大学寒区地下水研究所和中国水利水电出版社组织翻译和出版《寒区冻结层上水》一书。感谢黑龙江大学水利电力学院吴敏院长、黑龙江省寒地建筑科学研究院王吉良教高和中国水利水电出版社宋晓编辑在本书稿翻译和出版过程中给予的大力指导和支持。相信本书的出版会有益于国内寒区地下水相关问题的分析与研究。

本书的翻译主要由黑龙江大学寒区地下水研究所/水电学院的戴长雷副教授、孙颖娜副教授、张一丁副教授、王敏讲师、刘月硕士生，黑龙江省寒地建筑科学研究院外办李卉玉主任，黑龙江省大兴安岭水文局于成刚高工，以及黑龙江大学中俄联合研究生院的苗兴亚硕士生，共8人，合作完成。具体分工如下，戴长雷翻译各级标题、图件、表格、第1章、第7章以及附录1；李卉玉翻译“致中国读者”、第6章正文；孙颖娜翻译第5章的第1节和第2节正文；张一丁翻译第3章正文；王敏翻译第5章的第3节和第4节正文；于成刚翻译第2章正文；苗兴亚翻译第4章正文；刘月翻译各章图件表格的部分关键词、参考文献部分整理。译稿由戴长雷、苗兴亚、刘月统稿。

很高兴舍佩廖夫教授2014年受聘为黑龙江大学水文与水资源工程专业客座教授和《黑龙江大学工程学报》编委；很高兴黑龙

江大学与西伯利亚冻土所于 2016 年 12 月签定共建“中俄寒区水文和水利工程联合实验室”国际合作协议，筹划建立寒区水利工程中俄联合实验室。这些将进一步推动西伯利亚冻土所与黑龙江大学，乃至于中国和俄罗斯，在寒区水利方向的交流与合作。

本译著稿的出版得到了国家自然科学基金青年基金项目“寒区地下冻土层水理性质及其对融雪水入渗的影响机理研究（No. 1202171）”和中科院西北院冻土工程国家重点实验室开放基金项目“冻结土壤孔隙特征对冻土层渗透系数的影响研究（No. SKLFSE201310）”、黑龙江水文局科技项目“寒区春季产流时冻土背景下融雪水入渗机理试验与分析（No. 2014230101000411）”的支持，特此致谢。本书同时还是由黑龙江大学寒区地下水研究所策划出版的“寒区水科学及国际河流”系列丛书中的第 9 本，敬请关注寒水研究与该系列丛书（丛书信息可见本书附录 2）。

还要感谢在本书稿的协调、翻译、整理和编辑的各个环节中提供各种帮助的西伯利亚冻土所莉莉亚和奥列嘉博士，以及黑龙江大学水利电力学院的研究生王思聪和张晓红，本科生赵明、杨丽飞、李琳、崔玉焕、周光辉、翟中青、李佳欣、李彤、曹成。

希望能够进一步组织翻译西伯利亚冻土所寒区地下水方面的书稿，期待更多人关心、支持和参与寒区地下水方向的各种探索工作。由于能力等条件的限制，本译稿还存在翻译不够准确甚至部分欠妥的地方，敬请读者批评指导。

戴长雷（daichanglei@126.com）

2016 年 12 月于哈尔滨黑大禹治园

致中国读者

当戴长雷博士告诉我，黑龙江大学寒区地下水研究所决定将这本书翻译成中文，并将由中国水利水电出版社出版时，我非常高兴，全力支持这一提议。

自1966年开始在俄罗斯国家科学院麦尔尼科夫冻土所工作至今，我深知，科学是当代世界团结的强有力因素之一，任何有助于加强各国研究学者间的创造性的相互联系、科技信息交流的事情都应得到欢迎和支持。

本书是我多年从事冻结层上水研究成果的结晶。书中揭示了冻结层上水的分布规律、入渗补给的特点，冻结层上水的情势与排泄特征；阐述了冻结层上水在全球水交换、地貌塑造、地表水资源形成过程的作用；并从其他学科应用的角度、特殊类型重力地下水活动的角度，对冻结层上水的作用做出了评价。

本书在俄罗斯一经出版，就受到了广泛欢迎，所有印册都被销售一空。对本书有着极大兴趣的是高校中从事地理、地质和建筑工程等领域研究和学习的专业人员。

值得一提的是，在2014年2月于莫斯科举行的“国家科学储备”全俄展览会中，本书被授予“优秀教育出版物”称号。衷心地希望这本书同样能引起中国教师、学生们的兴趣，并对他们的工作和学习有所裨益。

最后，特别感谢戴长雷博士以及他的团队的学者与专家们将本书翻译成中文，感谢为本书编辑出版付出辛苦的人们。

维克多·瓦西里耶维奇·舍佩廖夫

2016年4月

目　　录

图 目 录

表目录

第1章 绪 论

极地、副极地、温带、高山等陆地地区最主要的自然环境特征之一，就是拥有多年性和季节性冻结层。多年冻结层区占陆地总面积的25%，季节性冻结层区也大致占有同样的面积（26%左右）。从整体来看，多年性和季节性冻结层的总面积为7600万km^2，约占陆地表面积的51%。

季节性冻结层，特别是多年性冻结层，对地貌、水文状况、水文地质、岩石、水化学、工程地质、景观以及其他自然条件具有举足轻重的影响。这种影响同时也与季节性融化冻结和多年性融化冻结更替过程息息相关。就时间的持续性而言，季节性和各种多年性冻结、融化周期长短是以岩层的低温变化为前提条件的。一般在这些岩层中有地下水和天然气体的存在。由于地下水是地质环境流动性的基本组成部分，伴随着周期性温度扰动，发生变化的不仅仅是水体的化学成分和物理属性，还有自身的聚集状态，其中包括由液体形式向固体形式转变的周期性变化。

寒区地下水可以视为这样的一种因素，它可以用来断定岩层冻结和融化过程中的物理特性，同时也揭示出低温条件下的物理-力学过程、物理-化学过程、物理-地质过程、工程地质及其他过程的特点。低温变化过程在冻土横剖面近地表部分最为强烈，经过多年的观察发现，这一过程具有明显的季节周期性。总体来说，岩层季节性和多年性冻结融化周期间的关系具有复杂性和多样性。冻结层上水的形成、分布、水体及水资源状况受这种关系的影响，同时也是反映这种关系的重要指数。

和冻结层间水、冻结层下水一样，冻结层上水属于寒区重力地下水的基本类型。但是，据多年观察发现，与前两种类型不同的是，冻结层上水不仅能在多年冻结层分布地区形成，也能在稳定的季节性冻结岩层形成。对于冻结层上水的形成和分布而言，现今的整体气候条件是相对良好的。因此，据一些研究者统计（Втюрин，1975；Шумилов，1986），仅仅在多年冻结层分布地区，每年大约有4.4×10^{12} m^3的冰融化，这大概相当于同一时期地球上所有河流水总量的两倍。根据这一数据大致可以得出冻结层上水的年总量。应当指出的是，寒区冻结层的大部分地下冰融水形成了各种形式的冻结层上水。

冻结层上水分布地域广泛，水资源极其丰富，且距地表表面较近，所以对于气候变化和地域开发反应敏感。同时冻结层上水对河流和湖泊水平衡的过程，对不同低温变化过程，对建筑工程项目和解决农田淹没问题等方面起着实质性的影响。综合来看，所有这样或那样的问题，实质就是寒区冻结层上水的研究问题，这也是现阶段冻土学、水文地质学、工程地质学发展过程中，在理论、教学、实践方面迫切需要解决的问题。

在总结冻结层上水方面的研究资料时，本书作者主要坚持两个方法论原则：天然水体系统化原则和地质历史性原则。第一个原则的出发点是把冻结层上水看做寒区表层一年或多年相位间水循环过程（冰↔蒸汽↔水）中的一环。这种观点要求我们，不仅要深入理解冻结层上水在整个地下水体系中的作用，同时也要全面细致地研究冻结层上水形成、水体状况、水平衡性与岩层季节性、多年性冻结融化过程之间的关系。

运用地质历史性原则对冻结层上水进行研究具有十分重要的意义。在全球性和地区性气候常年变化过程中，冻结层上水形成和分布的潜在可能条件也会发生周期性的变化。冻结层上水最有利的发展条件出现在气候变暖时期。但是由于整个地下水对气候变化所固有的相位惯性，在气候变化的情况下，冻结层上水形成和分布的条件更为复杂。在一定程度上，这种复杂性反映出下渗水源及水体状况和水资源变化的特征，同时也反映出对水文条件、景观条件、工程地质及其他条件的影响。

在总结冻结层上水信息时，主要应综合分析定期观测结果，研究这些水的补给与动态特性，以及冻土、气象、水利条件和其形成、分布与排泄的其他条件。笔者在雅库特各个地区和与其毗邻地区直接或间接指导，组织并进行了类似的多年综合勘测。同时，作者也参考了欧亚北部各地区各年份其他一些研究人员对冻结层上水的综合观测成果。

第2章 寒区地下水基本概念

2.1 自然水圈及其在水文地质学和冻土学中的意义

水是地质环境的基本组成部分，В.И.维尔纳茨克认为："在整个地质时期，水一直起着独一无二的作用。它是首要的地质因素。"(Вернадский，1960，c.27)。之所以这样认为，既是因为水在岩石圈中含量大，富有多变性，也是因为水参与的机械物理变化和化学反应，以及相位间转换带来的损耗和大量热能的释放比较活跃。正因为这种情况，我们不能简单地把水作为地质环境中普通的一部分，而应将其视为地质过程（沉积成因、岩石成因、变质作用等）的主要能量来源。考虑到地球水循环，可以肯定的是，水为无机物质与有机物质的合成、转化过程提供取之不尽的能量。

首先要以整个地质圈中水的状态和不同形式的起源及辩证关系为依据，来理解水在地球地质环境中的重要作用和特殊意义。在这一方面，首先要指出的是著名的自然水圈，这一原则涉及古希腊、罗马科学，它在大自然的认识、改造、保护方面，是指导行动的原则，是基本理论、基本方法的原则，体现了世界整体观。但是，到如今，许多地球科学学科对这一原则，持有形式主义的态度。片面和孤立地研究整个水循环中的部分循环，割裂了各学科中不同形式的自然水（水文学、水文地质学、冻土学、水文化学、水文地热学、水文气象学、冰川学、湖沼学、海洋学等）在聚合、表层状态、积累形式等方面的联系。

许多研究学者表示，对大自然水的研究不可以孤立和片面地去对待。从对这一问题研究的广度和深度来看，无论在国内还是国外，至今无人能超越В.И.维尔纳茨克的著作《自然水发展史》一书的研究思想。这本书的整体思想对自然科学的研究具有革命性的意义，它不止一次地强调自然水圈的重要性。他在书中写到，"在自然水圈中，无论什么地方发生怎样的变化，都会不可避免地全部反映出来，即使是以不明显的形式。水的化学和数量变化会在地壳留下特殊的痕迹。无论是水的各种表现形式（冰山、大洋、河流、土壤溶液、间歇喷泉、矿物泉等）之间，还是与地球岩石圈，活质之间，都存在整体上的直接的或间接的联系（Вернадский，1960，c.24）。

在其他研究者的著作中，关于自然水圈也有类似的看法。在地球科学的研究中，脱离自然水统一原则，对其不加考虑，未必缘于对其基本理论和方法论的不理解。这很可能与 20 世纪至 21 世纪初自然科学发展的总体趋势有关，当时，在许多自然科学中，人类不再只专注于对基本理论的研究，而是把实践放于首位，迫切需要实用的科学研究。这自然导致了科学探索带有狭义专业化倾向。但是，对成果不进行基本理论总结，这种片面性迟早会对科学研究、人类本身乃至自然环境产生负面影响。在科学研究中，只有将深度和广度辩证结合，运用好分析和综合的辩证方法，才能在认识地球自然环境、合理开发和环境保护方面找到最正确的道路。

20 世纪后半叶，由于在自然水研究方面出现了太过专业化的倾向，进而割裂了与其他学科间的联系，这对自然水的研究产生了负面影响。维尔纳茨克的学生，著名的水文地质学家 Б.Л.利奇科夫，在 20 世纪 50—60 年代初，在自己的著作中批判了水文地质学的现状，他指出，造成水文地质学发展迟缓的原因主要是：①割裂了和其他学科的联系；②水文地质学向狭义专业化的方向发展。他提出，必须要重新审视水文地质学的基本概念、基本内容和用途，指出了在研究自然水时，应该紧密联系其他学科。他强调：“水文地质学的首要任务是让人们认识并承认整个地球的水系统是一体的，而陆地地质学的研究重点是获得底土的湿度值。因此，新的水文地质学应当建立在以下三个基础之上：自然水圈的整体性、水循环的统一性、陆地底土的湿度(Личков，1962，c.26)。

如今，研究自然水的其他学科也存在孤立状态和狭隘专业化倾向，主要原因在于对自然水圈原则估计不足。这会对自然的保护和利用产生消极的影响。人类的实践活动是一面镜子，既反映科学活动的成果和成绩，也反映科学造成的缺陷和错误。譬如，河流和湖泊排泄污水，大气污染和海洋水污染，地下水的过度开采，在平原建设的水库，用以调节水流的工程项目。上述所有活动都是在技术统治世界观的支配下进行的，而这种世界观的形成，正是狭义的科学研究带给我们的。

对自然水圈原则的考虑不周，还可能是因为其暂时只是一个口头宣言。时至今日，该原则的本质仍未被揭开，地球水循环机制的复杂性最终未被理解，这也证明了利奇科夫以及其他研究者所说。因此，为了使它能够被真正地理解，必须要找出新论据、新观点，来论证自然水圈原则的基础，及其对地球自然环境、自身研究和合理开发的特殊作用。

毋庸置疑，研究水体相位间的变化（水从一种聚集状态向另一种转变）特性，对于揭示自然水圈原则，理解地球水循环具有重要的意义。总体上，物质相位间的转变是自然界中最重要的过程。这一过程的目的是为了维持各热力体系之间的平衡状态。物质相位间转变形式，例如，岩石圈的地壳运动，同时这也是地球内部能量最有力的表现形式。从规模和数量来看，地球上一些水相位间变化过程规模是宏大的。实际上，地球水循环是全球规模最大的相位间变化之一。与水的相位间变化相关的有：地球水圈的出现，岩石圈水平衡的动态变化，季节性冻结层和多年性冻结层的形成，在河流和水体表面覆盖的雪以及形成的冰盖，同时也包括陆地和水域的水平衡性。

许多的研究者指出，研究和利用自然界水相位间转变形式具有重要的意义(Вернадский，1933；Славянов，1948；Приклонский，1958、1962；Ходьков、Валуконис，1968；Павлов，1977)。В.А.普里科隆斯基 1958 年依据地下水形成的条件特点，把水相位间的这种变化，比如蒸发和冻结，认为是岩石圈中水运动的基本形式。对自然水运动的基本形式研究之后，А.Е.霍季科夫和 Г.Ю.沃卢克尼斯在其专著中，从广义的角度去理解水聚集状态间的相互转化(Ходьков、Валуконис，1968)。Б.Л.索科洛夫 1996 年则指出了运用水物理知识研究全球水循环特点的必要性。

尽管在水交换的各个过程中的相变非常重要，但是水运动形式的研究目前尚不能令人满意。并且，地球科学界对个别水聚集态的名称还没有统一。这样，在物理和化学动力学中，把水或其他任何物质绕过液态，直接从固体转为气态的过程，称为升华；而逆过程称为凝华。但是在气象学和冰川学中，把水从气态向固态的转变，称为升华。也就是说，同一名称表示两个完全相反的过程(Гляциологический словарь，1984)。在某些学科中，尤其是水文地质学，一些研究者使用术语“升华”的第一个含义，另一些使用第二个含义，这引起了严重的混乱。所有这些表明，必须制定统一的水相位转换示意图。图 2.1 就是总结类型的示意图，它指出了水相位交换的方向和动力平均值。

研究水相位间转换十分复杂，这主要是因为：宏观上来看，三种水分子的基本聚集态（冰、水、蒸汽）是不均衡的。例如，任何数量的冰中都含有一定量的液态水或水汽（水蒸气）。同样也可以说，一定量的液态水也含有一定量的气体。正如 В.И.维尔纳茨基的学生，著名的水文地学者斯拉维亚诺夫所指出的：所有液态自然水都包含气态溶液，并且水的气体容量和成分都是固定的。他强调，自然水首先是均衡的水-气(Славянов，1948，с.7)。应当指出，溶解在水中的气体量受水温影响，因此在不等温的环境下，会发生气体交换。气体交换的强度和方向受水温变化大小的影响。当水温降低时，溶解在水中的气体量会增加，也就是说，水是各种气体的吸收剂；当水温升高时，溶解在水中的气体量会减少，导致水中的气体本能地从水中析出。

水分子宏观聚集态相位间基本成分不均衡的原因在于，自然界中，没有绝对固体状态的水，也没有百分百纯液体的水。在任何宏观状态下，水首先是分散介质，在水中不仅包含以离子形式和其他形式的化学物质，而且还有分散的以胶状颗粒，悬浮液或溶胶体等形式存在的各种微观物质。一般情况下，在水分子中，这些微粒表面的张力大于氢键的力度。众所周知，正是由于这些联系使水成为特有的、独一无二的分子化合物，并确定了水分子间的连带程度，或者说其他的分子聚集态。因此，微粒表层单位能量的增加，促进了表层独特的微观相位形成。该相位和分子宏观聚集态不同。这些微粒存在于结晶、冷凝和蒸汽的过程中。也就是说，它们是一定量的水由一种宏观分子聚集态转换成另一种宏观分子聚集态的相位催化剂。

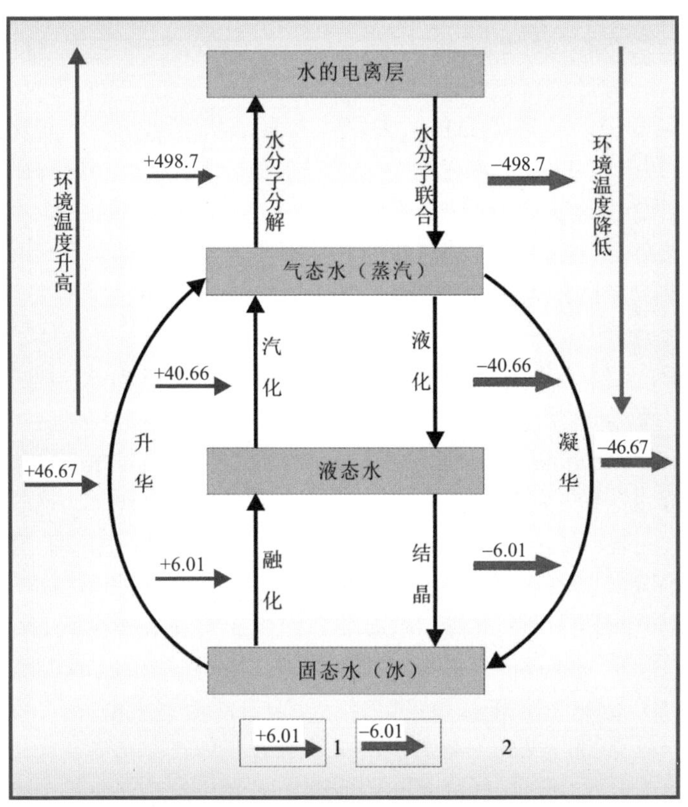

1—当水转换至较高水平的相位状态时，从外部环境（气候雨/漂浮物）吸收能量（吸热相位变化）；
2—当水转换至较低水平的相位状态时，向外部环境（气候雨/漂浮物）释放能量（放热相位变化）

图2.1　温度影响下的水相转换

因此，作为水相位间连续性介质，体积水水分子聚集态反应的仅仅只是宏观的相位间均匀性。从微观角度来看，这些体积水水分子聚集态是相位间不均匀的。一定宏观体积的水中含有相位间微粒的量取决于水的分子聚集态和温度。在温度变化时，会发生相位间的水交换，例如，水的分散介质和弥散相之间。因此可以得出，相位间相互作用是水循环进行的前提条件，这不仅体现在宏观状态下，而且会首先体现在微观层面上。由此可以看出，自然水圈原则的普遍性和他的包罗万象性。

考虑到相位转换和相位间相互作用对各种水交换周期形成的影响，作者重新审视了现有的自然水总循环示意图(Шепелёв，1996a、2000、2001、2008；Shepelev，

2008)。这样，在气候周期中除了大气水交换周期外，建议划分为：水冻结生成、岩层中气体生成、冰蚀生成、冻结岩层生成周期（表 2.1）。

水冻结生成周期为：每年在河流和水体的表层形成的冰、冰丘、积雪，以及寒区活动层形成的地下冰，这些冰和积雪从冷季形成到暖季时融化的周期。

表 2.1 自然水的变化周期及水交换的平均强度

序号	基本的水交换的周期	水量，每年参与水交换/kg	平均强度的水交换/[kg/(m^2·s)]	分配（+）或消耗（-）能源/W
1	大气	0.51×10^{18}	31.5×10^{-6}	$\pm 4.0 \times 10^{16}$
2	水冻结生成	2.16×10^{16}	1.6×10^{-6}	$\pm 2.75 \times 10^{14}$
3	岩层中气体生成	0.2×10^{11}	0.15×10^{-11}	$\pm 0.18 \times 10^{11}$
4	冰蚀生成	0.25×10^{16}	0.16×10^{-6}	-0.2×10^{14}
5	冻结岩层生成	2.5×10^{13}	1.6×10^{-9}	-0.26×10^{12}

岩层中气体生成周期与包气带岩层中水的蒸发、冷凝、升华和凝华作用相关联。包气带是独特的地下大气圈，在包气带中有足够强的水分转移，这使大气圈和岩石圈保持了相互联系。冰蚀生成和冻结岩层生成周期不是受气候的季节性影响，而是受气候的常年性影响。例如：在冷季，冰川区和寒区的固相水增加；与此相反，在暖季，由于寒区冰川和地下冰融化，液相水增加，因此， 冰蚀生成和冻结岩层生成周期对液相自然水年平衡性有影响，从而降低或提高了世界大洋的储量、资源量和水位。

自然水圈原则及其循环周期对冻土学研究具有重要意义。因为该学科的主要任务之一就是：研究寒区水-冰-蒸气相位转换的各种形式。根据这一原则，例如，把包含在多年非冻结层中的地下冰，看作是地球水循环冻结阶段的基本组成部分是合理的。这一阶段的持续时间由岩层在冷冻条件下存在的时间，即与寒区固定区域中冰-水相位转换的持续时间相一致。

受自然分子动力的影响，水相位的交换以多年低温微过程的发展为基础。因此，在 20 世纪 40 年代崔托维奇提出了岩层中不冻结溶液的分布均匀原则，并随后通过实验予以确认(Цытович，1945；Основы…，1959)。这一原则的物理基础是：在冻结岩层气温变化不明显时，薄膜水和固相水之间会发生相位交换。在等温的条件下，区分薄膜液体、缝隙、冰的相位界限没有移动，也就是说，这一相位位于平衡的状态。

尽管自然水圈原则的意义是显而易见的，然而它在冻土学研究中还没有受到足够的重视，因此，同其他地球学科一样，人们至今仍然是形式化地认识该原则。这无疑对现代冻土学各学科发展，以及实践应用产生了消极影响，对冻土学的普遍理论、方法论、概念的形成尤其不利。

2.2　冻结岩层和地下水相互作用的主要特征

根据上文所陈述的自然水圈原则的概念，以及相位间水体运动的形式，可以看出，关于冻结岩层和地下水相互作用的特点这一问题，实质上就是寒区水的相位交换的问题。

因此，在岩层的季节性和多年性的冻结融化的条件下，不仅会发生从液态到固态，从固态到液态的转变，也会发生从气态到固态（凝华过程），从固态到气态（升华过程），从液态到气态（蒸发过程），从气态到液态（冷凝过程）的转变。

因此，岩层的冷冻和融化过程被视为是综合性的相位间转换过程，在一年期或多年期的气温正负变化下，这一综合性的相位间转换过程使岩层和地下水相互作用具有一定程度的复杂性。

然而，在水文地质学和冻土学中，有关地下水和冻结岩层的相互作用问题的研究有几点不同，这通常与国内外文献对"地下水"术语的阐释不同有关。根据现有的概念，只有在岩层空隙流动的自由"液态"水才是地下水（Основы……，1980）。因此，在岩层中以气态和固体形式存在的水，同时也受物理和化学因素的影响，这不能称之为地下水。因此，当重力水以固态形式（地下冰）进行相位交换时，它不属于地下水，而被认为是岩层的组成部分，冻结岩层这一名称强调了这点。

类似阐释地下水概念的方法，还有对它与冻结岩层间相互作用问题的研究，不仅没有考虑到自然水圈原则；而且，在某种程度上，与土壤学、土质学、工程地质和其他学科对岩层中水的分类相互矛盾，也与把地下水圈作为统一的研究对象相悖(Вернадский，1933；Саваренский，1947；Овчинников，1955；Пиннекер，1975、1980；Шепелёв，1997а；Алексеев с.，2005、2009；Шварцев，2009)。

当今，在冻土学和水文地质学界对冻结岩层和地下水相互作用的特点进行研究是有根据的，这些根据就是之前所取得重要的成果，其中这些成果很大一部分来源于有关的研究多年冻结层分布区域水文地质特点的图书文献资料中。在这些文献资料中，有一类专门阐述关于冻结岩层和重力地下水相互作用的具体问题(Фотиев，1965、1966、1971、1978、2009；Мотрич、Калмыков，1966；Романовский、Чижов，1967；Чижов，1968、1973；Неизвестнов、Толстихин，1970；Кудрявцев、Чижов，1972；Кудрявцев и др.，1972；Неизвестнов　и др.，1972；Пиннекер，1973；Алексеев、Иванов，1976；Басков，1976；Зуев，1978；Пиннекер、Писарский，1978；Булдович，1979、1982；Суходольский，1982；Шепелёв，1984；Алексеева、Алексеев，2000；Алексеев С.，2000、2009；Дроздов，2007；Дроздов и др.，2008；Глотов，2009；Brown，1970；Carey，1973)。

对现有的关于重力地下水和冻结岩层相互作用的研究成果，总结如下：

（1）地下水的冻结大大改变了岩层的渗透性，因为含水层冻结后形成的地下冰填充满了岩层孔隙和裂缝中。从水文地质学的角度来看，这导致隔水层在完全冻结前会变成一种新的状态，即变成含水层。这种低温隔水层引起水文地质断面的分隔，使水文地质结构的水容量减少，造成补给条件的复杂化，破坏了地下水与地表水的联系等。也就是指，使多年冻结岩层区域的水文地质环境发生改变，逐渐复杂化。

（2）当含水岩层冻结及融化时，岩层中水的容量会有所改变，这极大地影响水文地质环境，促进了特殊的低温物理地质过程和现象的发展。

地下水的冻结使水容量增加。因此，在冰的形成过程中，重力地下水会从岩层的冻结区域缩至不冻结区域。在结晶压缩或活塞效应的作用下，或在无压含水层中形成低温压力，或在冻结发生前出现有静水压增大，这本质上改变了地下水补给、运输和排泄条件（图 2.2）。当距地表不深的含水层发生冻结时，受结晶压缩效应的影响，融化的晶状体和盘状物表面会形成类似低温现象和形式的生成物——季节性多年的冰胀丘、冰、裂缝等。

当冻结的含水岩层部分融化时，正好相反，他们的水量会减少，这会导致低温水压的降低或消失。有时把这种效果称为结晶真空，尤其是在寒区一些自流结构的区域会出现反常的冻结层下水低承压水位值(Толстихин、Максимов，1955；Балобаев，1971、2003)。一般情况下，在冻结层下含水层中低温承压减弱时，由于水压差作用，地下水的垂直入渗会增强。其结果是在较深含水层出现高压地下水流。水文地质动力环境受水从固态到液态的相位交换的扰乱，需要较快的平稳下来。但是，在岩石圈水压的影响下，地下水含水层与较深的高压地下水分离时，会出现低温承压的反常，不会很快的平稳下来，这时静水压的均衡基本上依靠的是弱强度的水平渗透，而不是垂直入渗。正是在这样的地区如今才能观察到异常的地下水低承压水位。

（3）在融化和冻结条件下，地下水聚集态的变化伴随着相应热量的释放和耗损。这便是岩层冻结和融化程度受水文地质条件制约的原因。

当地下淡水冻结时，冰成物会释放潜在热量（约 0.334×10^6J/kg）。由此可以得出，岩层吸水性越强，水饱和度越大，地下水发生冻结的速度将越慢。这种情况决定了冻土条件受水文地质因素制约。因此，在寒冷的多年期来临时，岩层的隔水层和弱饱和岩层将被冻结至深层，和含水岩层相比，具有更高的吸水性。而当含淡盐、含盐地下水的含水层或整体被冻结时，由于温度降低，地下水开始冻结，当它们冷却到 0℃以下时，一般无法产生冰成物。因此，在这种情况下，吸收热源的平衡被打破，导致岩层冷却深度增加，形成负温地下水。

与之相反，冻结岩层的融化，伴随着热量的消耗。因此，季节性多年冻结的含水层融化的程度取决于岩层的吸水特性，而且受岩层的冰饱和率制约。

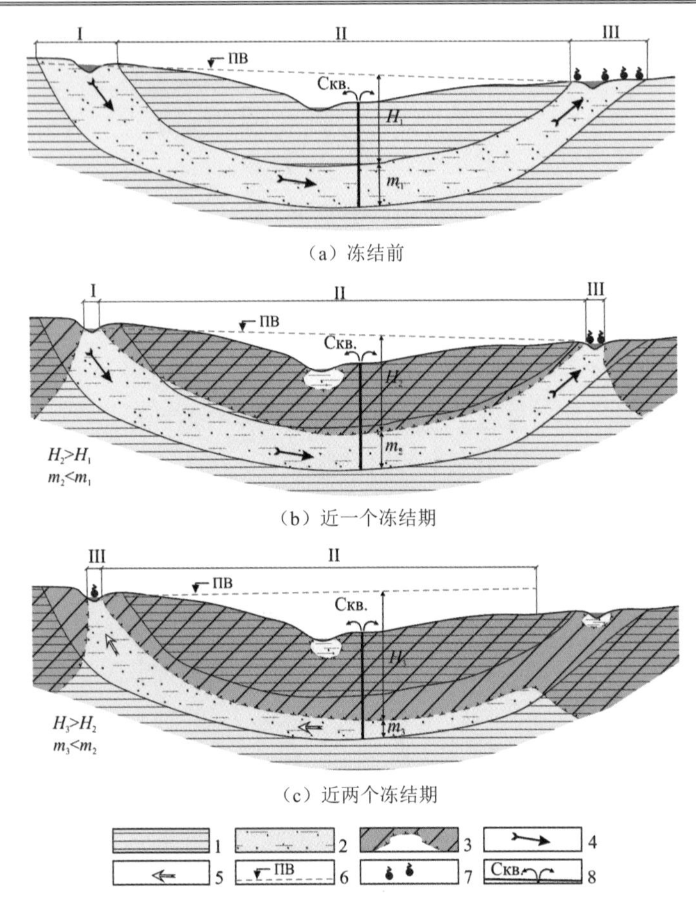

（a）冻结前

（b）近一个冻结期

（c）近两个冻结期

1—岩层的隔水层；2—含水岩层；3—多年冻结岩层及其分布界限；4—在水力梯度影响下地下水流动方向；5—在冻结水文动态水体填积构造中，地下水流动方向；6—地下水水位；7—泉水；8—自喷井；
Ⅰ—地下水补给；Ⅱ—静压力水头的构成；Ⅲ—地下水的排泄；*H*—静水压大小；*m*—含水层厚度，m

图 2.2　自流型地下含水系统的流动特征

（4）含水岩层的冻结和融化过程对水化学环境产生实质性的影响，促进了地下水特殊化学成分的形成，引起了地下水水化学垂直分带的改变。

当含水层冻结时，会重新为形成的冰、液相地下水和含水岩层（低温变质化学成分）分配盐分。根据研究学者Н.П.阿尼西莫夫娃（1959、1962、1969、1971、1973、1981、1996б、2004），А.В.伊万诺夫（1969、1989），Б.Е.瓦利斯基，М.А.萨季科夫和Д.К.巴特鲁诺夫（1970），В.П.沃尔克娃（1971、1973、1974），Г.Д.金斯堡，和Я.В.聂伊斯维斯特诺夫（1973），А，В.伊万诺夫和Н.А.弗拉索夫（1973），Р.С.科诺诺娃（1971、1974、1979），В.Г.亚西戈（1975、1982），Е.В.皮涅克尔，和Б.И.皮萨尔斯基（1977、1978），В.Е.阿法纳西果和В.А.博伊科沃（1977），С.В.阿列克谢耶夫（2000）等的研究成果，地下水化学成分低温变化的程度和特点，不仅取决于冻结速度、含水岩层厚度和水交换强度，还受水的原始化学成分和无机盐饱和度等因素影响。总之，地下水冻结致使冰成区中可溶盐和微量成分向含水层不冻结地带的流动更为活跃。由于地下水固相的无机盐饱和度降低，只剩下难溶盐及结晶水合物形式的化合物。冰成物促使负温地下水形成，这改变了饱和岩层冻结的特点和程度，破坏了原始的水化学区域，使地下水液相的无机盐饱和度得到极大提高。

当冻结的饱和岩层融化时，部分盐从冰相转化成液相。这可能导致在某些条件下地下水发生低温淡化，形成超淡水区域或地带。

（5）含水层的多重冻结和融化改变了含水岩层的物理属性，提高了岩层的裂隙度和孔隙率，导致在解冻和冻结岩层的接触面形成了非常强的水淹带。

在饱和水间歇式结晶的影响下，岩层的物理成分发生变化 [根据И.Я.巴拉诺夫观点（1962）——发生低温变质作用，或根据Ю.В.舒米洛夫观点（1986）——发生低温分解]，尤其是冰岩带断面的表层，在那里地下水进行着季节性转换：液相转换为固相，固相又转换为液相。这极大地提高了岩层的渗透性，使得各种冻土层上水的分布更加广泛。

根据 Н.В.古布金（1946）、А.И.卡拉宾（1960）、О.Н.托尔斯基辛（1965）、С.Е.苏霍多利斯基(1982)、С.Н.布尔多维奇(1982)等的研究数据，在冰岩带断面的中部和底部，也出现了岩层的低温分解，致使其产生了再生裂隙区（低温解体）。在这种情况下，多年冻结岩层的厚度以及透水融区面积的变化，不仅与多年的温度变幅有关，还与入渗型融区地下水的热量对流迁移特征有关。在解冻层和冻结层的接触面形成非常强的岩层低温解体水淹带，这是水文地质状况的反映。增加了含水层的水交换强度，加强了地下水和地表水的联系。

（6）重力地下水水温在0℃以上，比热高，具有流动性，这是对流热流形成的原因。在一定的水文地质条件下，对流热流对冻土条件和岩层温度场作用明显。国内许多研究学者对这个问题十分关注（Швецов、Мейстер，1956；Гольдтман，1958；Балобаев，1965；Гольдтман、Чистопольский，1966；Цуканов，1966；Перльштейн，1968、1979；Меламед、Перльштейн，1971；Капранов、Перльштейн，1973；Фельдман，1977、1984；Суходольский，1982）。应当指出的是，就这一问题，现有的理论成果大体上都涉及地下水入渗的层状结构。因此，依据岩层的热量状况，把对流热交换分成两种类型：第一种类型是融区地下水渗透时的热交换，融区一般位于不透水冻结岩层下或者被不透水冻结岩层包围；第二种类型是在负温含盐地下水和盐溶液渗透时的热交换。

目前为止，第一种类型是研究对流热量中最全面的，特别是对流的热流横向弥散效应。一般情况下，弥散发生时，会造成岩层孔隙、裂隙中的速度矢量和导电性的热流方向不重合。

上述的普遍规律反映了地下水和冻结岩层相互作用的主要特点，证明了水文地质条件和冻土条件之间紧密的成因关系（Шепелёв，1984）。对于有关该问题的后续研究，不仅应当关注水—冰间相位转换对冻结-水文地质条件的影响，还应注意季节性多年冻结层和融化层中水的其他相位转换的作用。

2.3　寒区地下水的水文地质分类

一直以来，关于多年冻结层地区地下水的统一分类问题备受关注。这表明，地下水对解决各种科研和实践问题（关于寒区重力地下水的分布、形成、排泄、资源、应用及保护特点，以及水文地质测绘、区域划分等问题）发挥着重要的作用。

1932 年，Н.И 托尔斯基辛对多年冻结层地区的地下水做了第一次科学合理的分类。他在教材《普通冻土学》（1940）和深湛的专著《岩石圈冻土区地下水》（托尔斯基辛,1941）中，对多年冻结层地区的地下水进行了广义分类。该分类以地质剖面中水的液相和固相间的空间相对关系原则为基础。Н.И.托尔斯基辛将地下水分为三类：

（1）冻结层上水蕴藏在厚厚的永冻层上部表层，大多数情况下，对冻结层上水来说，永冻层是起隔水作用的底座。

（2）冻结层间水，蕴藏在厚厚的永冻层中，这些水分为固态和液态，一定时期内是相对稳定的。

（3）冻结层下水，蕴藏在厚厚的永冻层下面，永冻层是冻结层下水的上盘。

Н.И.托尔斯基辛强调："在某种程度上，这三类地下水不仅相互联系，另外也与水圈、大气圈相关。"(普通冻土学，1940，с.245)

把水的固态，即地下冰，归为冻土层间水有悖于分类的基本原则。此外，在这种情况下，"冻结层间水"概念本身也显得模糊。考虑到这种情况，Н.И. 托尔斯基辛随后只把液态的重力地下水归为冻结层间水。Н.И.托尔斯基辛(1941)的重力地下水分类示意图中，有些省略的种类，在表 2.2 里被列出。

表 2.2　冻土区重力地下水的分类

<table>
<tr><th>地下水的分类</th><th colspan="2">水的类型（子类）</th><th>相位</th><th>温度</th><th>压力</th><th>补给和分布区域</th><th>水质</th></tr>
<tr><td rowspan="3">冻结层上水</td><td colspan="2">1. 活动层的水</td><td>暂时的：固相，液相</td><td>暂时的：负温，正温</td><td>暂时</td><td rowspan="3">补给和分布区域相符</td><td>含有大量有机物质；在居民点通常被污染</td></tr>
<tr><td>2. 第一层和第三层间的过渡水</td><td rowspan="2">（河床下的，移动的圆锥体）</td><td>地表暂时固相，下层长期液相</td><td>暂时的：负温，正温</td><td>暂时</td><td>水质通常较软，含有碳酸氢钙</td></tr>
<tr><td>3. 冻结层上多年融区水</td><td>稳定液相</td><td>长期较低正温，负温</td><td>无压或有压</td><td>水质通常较软，含有碳酸氢钙</td></tr>
</table>

续表

地下水的分类	水的类型（子类）	相位	温度	压力	补给和分布区域	水质
冻结层间水	4. 水： 1）冻土层上水补给 2）冻土层下水补给	长期液相	长期正温或长期负温	长期有压	补给和分布区域不符	水：1）与冻结层上水成分相近； 2）反映出了冻结层下水的成分
冻结层下水	5. 接近冻土区的冻结层下水	液相	较低正温或负温	压力稳定，有时无压	补给和分布区域不符	大部分很清澈，含盐，较淡
	6. 较深的冻结层下水	液相	一直正温，时而高温	长期有压，稳定的		永远清澈，含盐，较淡

总的来说，关于多年冻结岩层分布区域的水文地质研究成果卓著，这与托尔斯基辛的分类有很大关系。尽管其分类后来受到其他有关冻土区地下水分类的某些研究者的批评和指正(Баранов，1940；Пономарев，1953；Овчинников，1955)，然而，近 30 年来，无论在国内还是国外，托尔斯基辛的分类仍然获得了普遍认可，被广泛地应用在水文地质学和冻土学的实践领域。

但是，随着水文地质学和冻土学的进一步发展，积累了许多相关的实地勘测的材料，这促进了人们对寒区重力地下水形成、埋藏、分布环境和水体状况等方面的认识进一步扩展深化，同时也进一步了解了重力地下水和冻结岩层之间的相互关系。

因此，这就要求我们对现有的公认的分类进行重新审视和补充。随后，出现了一系列新的分类示意图。它们由不同的研究学者编制，其中大部分学者都把托尔斯基辛的分类作为基础(Калабин，1959、1960；Обидин，1959；Пономарев，1960；Шварцев，1965；Суходольский，1967；Романовский，1966)。

在所有关于冻土区重力地下水分类的示意图中，H.H.罗曼诺索夫斯基的示意图得到了极大的认可，他本人后来也一直在完善该示意图。他保留了 H.И.托尔斯基辛对重力地下水分类的基本原则，将其分为：冻结层上水、冻结层间水、冻结层下水，在此基础上又补充了透水融区水和冻结层内水，把它们一并归为重力地下水的主要类型。H.H.罗曼诺索夫斯基的分类示意图详见表 2.3。这种分类方法在国内外水文地质研究的实践中得到应用，被列为供教学和参考的专业文献。

表 2.3　多年冻结层分布区域的地下水分类

水的类型	基本性质
冻结层上水	位于多年冻结层上盘的融化层水；分为季节性融化层水和不透水融区水
透水融区水	在透水融区和冻结岩层侧表面循环的水；分为渗透水、压力渗透水、透水融区的土壤渗透水，具有停滞性
冻结层间水	位于不冻结层，融化层，多年冻结层上部或下部的水；与其他类型的地下水有联系
冻结层内水	位于冻结岩层和透镜体各个方向的水；与其他类型的地下水无水力联系
冻结层下水	位于冻结层底部的第一个含水层或裂隙区的水； 分为接触冻结层底部的水和不接触冻结层底部的水

然而，H.H.罗曼诺索夫斯基的分类方法也备受质疑。例如，把透水融区水划分为独立的类型，使它区别于冻结层间水，这种分类的理据并不充分。这打破了冻土区重力地下水分类的统一原则。不论是H.И.托尔斯基辛，还是H.H.罗曼诺索夫斯基，都按重力地下水与水文地质剖面的低温含水层相关原则划分出了冻结层上水、冻结层间水、冻结层下水。透水融区水按另一原则划分，其特点是破坏了多年冻结层的连续性。如果把这一原则作为分类基础，那么地下水的主要类型除了有透水融区水外，还应有封闭在其他融区的不透水融区水。

一般的实际上，由于透水融区水蕴藏在低温隔水层中，所以它是独特的冻结层间水。与冻结层间水不同，透水融区的基本特点是：低温隔水层不是水平的而是垂直向下的。这是地下水从上往下，或者从下往上入渗的条件。但是，这一特点不能作为把透水融区水归为寒区地下水独立类型的依据。作者在对冻结层间水进行分类时，表2.4中考虑到了这一情况（Шепелёв，1983б）。

表2.4　冻结层间水的分类（Шепелёв，1983б）

<table>
<tr><th>根据低温隔水层的相对位置，划分的类型</th><th>根据渗透的特征和条件，划分的类型</th><th colspan="2">水压特点</th><th>根据蕴藏和形成条件，划分的类型</th></tr>
<tr><td rowspan="3">冻结层间水（带有水平低温隔水层）</td><td>填积型</td><td colspan="2">带水压的不隔离或者隔离（分离）</td><td rowspan="3">半包气带</td></tr>
<tr><td>衰减型</td><td colspan="2">带水压-无水压；不隔离或者隔离</td></tr>
<tr><td>准稳型</td><td colspan="2">有水压的不隔离或者隔离</td></tr>
<tr><td rowspan="3">透水融区的冻结层间水（带有向下垂直低温隔水层）</td><td>渗透水（自上向下渗透）</td><td>无水压</td><td rowspan="3">水压不隔离</td><td rowspan="3">半包气带和水下发生的</td></tr>
<tr><td>压力渗透水（自下向上渗透）</td><td>有水压</td></tr>
<tr><td>混合水（在一年内，既自上向下渗透，也自下向上渗透）</td><td>有水压-无水压</td></tr>
</table>

应当指出的是，一些研究者认为，原则上讲，把冻结层间水归为寒区地下水的独立类型是不正确的(Мейстер，1955；Зеленкевич，1966)。他们认为，冻结层间水或是临时的相，或是冻结层上水和冻结层下水的中间相。假如这一原理是正确的，根据这一原理同样可以得出，随着低温隔水压将水文地质剖面分离，冻结层上水和冻结层间水也成了地下水临时相或者中间相，从地质学的角度来看，这些相存在的时间是短暂的。然而如果考虑到时间因素，与冻结层上水相比，把冻结层间水归为寒区地下水的独立类别则更加合理并有充分根据。的确，冻结层间水的含水层存在的时间可以达到一百年，甚至一千年。而一些类型的冻结层上水则只能存在数月，在冬季时完全冻结，然后消失。

让我们回到H.H.罗曼诺索夫斯基的分类表2.3中，应当指出，把冻结层内水划归为寒区地下水的独立类型不是完全有根据的。实质上，这类水是冻结层间水的变种。与冻结层间水的固有特点不同，冻结层内水是大量孤立在冻结层内的。除此之外，在 H.H.罗曼诺索夫斯基的分类表 2.3 中没有完全列出冻结层下水的所有特点。重要的一点是，在对冻结层下水进行分类时，要考虑到多年冻结层的动态变化。也就是说，根据寒区水文动态状况，合理地将冻结层下水分为填积型、衰减型和准稳型。

由于 H.H.罗曼诺索夫斯基分类表在发表之后，存在上述的争议。一些研究者开始尝试建立更统一的完备的示意图(Вельмина，1970；Толстихин、Толстихин，1974；Суходольский，1982；Шепелёв，1983б、2002；Shepelev，1983)。这一切都证明，制定寒区重力水分类表的问题还远远没有解决，这是现在最迫切的问题。

第 3 章　冻结层上水的形成、分布和排泄

3.1　冻结层上水的类型

冻结层上水的名称本身体现了其主要特征。冻结层上水在冻结岩层的顶部形成，这些岩层的细孔和裂缝中充满了冰。这类岩层一般称为低温隔水层。由于其特征和岩石圈所特有的隔水层特征类似，因此应该更准确地称其为寒区隔水层。低温隔水层可以是季节性的，也可以是常年性的，冻结层上水可以根据这一特征辨别出来。

在几乎所有的冻结层上水分类表中，都将这一特征视为冻结层上水的基本特征。在 H.И.托尔斯基辛分类法(1941)中，冻结层上水分成三个子级：①活动层水；②第一和第三之间的中间的子级；③多年融区冻结层上水（见表 2.2）。在最新的研究成果中，H.И.托尔斯基辛把冻结层上水分为三个子类：①活动层（上层滞水）内的季节性冻结水；②活动层上部的季节性半冻结水；③活动层以下季节性不冻结水(Толстихин、Толстихин，1974)。

在上述分类特征的基础上，这些分类表对冻结层上水进行了划分。第一子类（子级）冻结层上水在活动层（即季节性低温隔水层）内形成。第二和第三子类的冻结层上水在多年冻结层形成,也就是在多年低温层上形成的。在第二子类中，部分冻结层上水经常被季节性低温层覆盖，所以这一部分是处在第一子类和第二子类之间的中间状态（图 3.1）。

在 H.H.罗曼诺索夫斯基制作的分类图中(Романовский，1967、1978、1981、1983),冻结层上水分为两个子类：季节性融化层水和不透水融区水（见表 2.3）。该图中所研究的主要分类特征更加明显。例如，冻结层上水第一子类的名称重点强调了低温隔水层存在的季节性和动态特征。这类冻结层上水在低温隔水层上形成并冻结。H.H.罗曼诺索夫斯基依据不透水融区类型，对融区冻结层上水的类型进行了进一步划分，其中包括：热辐射的冻结层上水，水生的冻结层上水，地球流体冻结层上水，冰蚀的冻结层上水，水底化学形成的冻结层上水，以及在不透水融区受人类活动影响形成的冻结层上水。水下热融区的冻结层上水，按其形成环境分为：河床下冻结层上水，河床附近（河滩的）冻结层上水，湖床下冻结层上水、海滩下冻结层上水、海底下冻结层上水（Романовский，1983）。

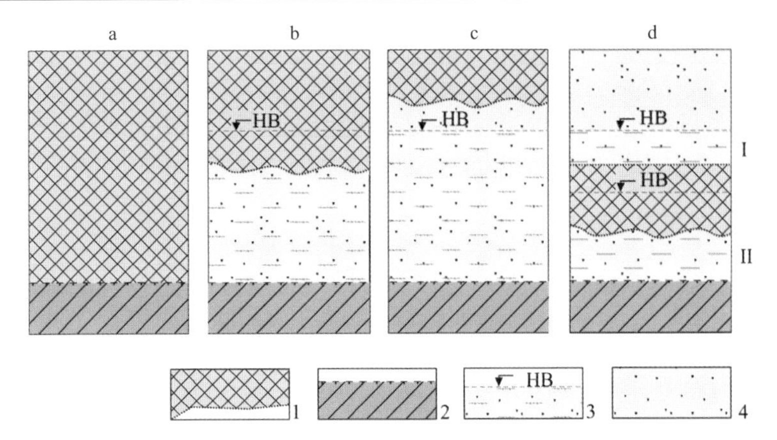

HB—冻结层上含水层；a—冻结的；b—半冻结的；c—不冻结的；d—冻结层上双层含水层的；
1—活动层冻结岩层及其范围；2—多年冻结层及其范围；3—含水层；4—活动层解冻的非含水层；
I，П—被季节性冻结层隔开的上含水层和下含水层

图 3.1 不同类型冻结层上水示意图

图 3.1 的总体不足是：没有考虑到在季节性冻结岩层上形成的冻结层上水，也没有考虑到在一些岛屿的寒区和地质时代残留的寒区上形成的冻结层上水。夏季时，冻结层上水能在季节性冻结层顶部形成。然而不能将它划为季节性融化层水，因为它不是在寒区的季节性融化层形成，而是在岩层圈的季节性冻结层形成。

应当指出，在 H.И.托尔斯基辛的冻结层上水分类表中，这类水没有被特别归类。在水文地质冻结层剖面图中，他指出了形成不同类别的冻结层上水需要具备的条件（见表 3.1）。在表 3.1 所示的最后一栏中，H.И.托尔斯基辛在分类表之外，划分出了双层冻结层上水的其他情况，这类双层的冻结层上水在半包气带不透水融区地段形成。多年冻结层是含水层底部的隔水层，季节性融化层是含水层顶部的隔水层。如果含水层底部的冻结层上水在一年里一直存在，那就可以把这类冻结层上水归为第二子类，而含水层顶部的冻结层上水就不属于 H.И.托尔斯基辛分类表的任何一种子类。

夏季时，冻结层上水在融化的季节性冻结层顶部形成。具体地说，冻结层上水可以在多年冻结层内的局部半包气带形成，也能在更深的季节性冻结层内的广阔区域形成，还能在一些岛屿和地质时代残留的寒区形成。这就产生了对这类水进行特别归类的观点。一些研究者补充了 H.H.罗曼诺索夫斯基的冻结层上水分类表，除了原有的季节性融化层水和不透水融区水之外，还补充了一个子类：季节性冻结层水(Суходольский，1982；Пономарева，1989)。然而，就这一子类的冻结层上水的命名引起了争议。要知道这类水不是在季节性冻结层形成，而是在季节性冻结层发生融化的部分形成。实质上，它们是季节性冻结层夏季融化层的水，因此，将它们称为季节性冻结层上水未必合理。

表3.1　寒区冻结层上重力水的分类

<table>
<tr><th>主要子类</th><th>按冻土条件</th><th>按季节性冻结特征</th><th>寒区水文地质动力类型</th><th>形成和补给的水文地质条件</th></tr>
<tr><td>冻结层上层滞水</td><td>形成在活动层：（1）岩层季节性冻结区；（2）半包气带融区；（3）冰岩带融区</td><td>不冻结的</td><td>递减的</td><td rowspan="3">在河滩、河、沉积和海梯田、山坡、沙锥、分水空间等饱和陆地形成</td></tr>
<tr><td rowspan="2">季节性融化层水</td><td rowspan="2">形成在活动层，季节性融化层和多年冻结层交汇的区域</td><td>不冻结的</td><td>递减的</td></tr>
<tr><td>冻结的</td><td>填积-递减的</td></tr>
<tr><td rowspan="2">冻结层上地下水</td><td rowspan="2">形成在整个寒区不透水的半包气带和水下融区。在间断的岛屿和残存的冰岩带的多年不冻结的隔水层，晶状体，岛屿和沼地上形成</td><td>部分冻结的</td><td>填积-递减的</td><td rowspan="2">不仅在半包气带形成，而且还可以在水下（河床下水、湖床下水和其他融区的水）及海底</td></tr>
<tr><td>不冻结的</td><td>季节-准静止的</td></tr>
</table>

应当指出的是，几乎所有的冻结层上水子类示意图都存在一点不足，即：冻结层上水分类与岩层圈重力地下水总分类联系牵强。冻结层上水首先是重力地下水，而冷冻因素对其形成、分布、水体状况、排泄和资源状况产生了很大影响。因此，冻结层上水属于其他类型的寒区地下水，应该将其视为岩层圈重力地下水范畴的一个特例。遵守这种联系无论对于自然水圈原则，还是对保证水文地质研究的统一性及继承性都很重要。

按照岩层特征和形成条件，水文地质学界把重力地下水分为四类（或级）：上层滞水（广义）、地下水、自流水和深水(Основы…，1980)。广义上的上层滞水被认为是在包气带岩层形成的重力地下水，即：下渗的地下水。上层滞水还可以理解为"在包气带地下水季节性的存储，在（土壤底土层）附近累积成结晶，或形成不透水和弱透水岩层（土壤）的夹层。上层滞水在土壤表层蒸发或下渗，沿着晶状体边缘流下(Геологический словарь，1973，c.97)。

通常把地表第一水层的重力水归为地下水之列。第一水层或存在于疏散的沉积层，或存在于原有岩层上部的裂隙中，第一水层在横剖面和隔水层面累积。地下水整体上具备以下主要特征：

（1）地下水的水平表面一般是流淌的，即它们没有静水水压，因此术语"地下水"实质上等同于"无压力水"。

（2）地下水的补给依靠大气降水、地表水入渗、包气带内的水汽冷凝，通常地下水的补给区域和它们的分布相一致。

（3）由于地下水表层较浅和其补给特性，地下水的水体状况受气候变化影响较大，具有明显的季节性。

（4）根据地貌和水文地质条件，地下水的形式主要有两种：地下水流和地下蓄水池。

（5）地下水和表层水有着紧密的水力学联系。

（6）与其他类型的地下水相比，此类地下水水流速度较快，具有低矿化度和强水流。

（7）由于地下水表层较浅，剖面缺少固有的隔水层，所以对化学、细菌、有机、放射及其他污染抵御性极差。

冻结层上水的一些子类可以划为上层滞水或者地下水的特殊类别。但是，在这个问题上，研究者们暂时没有统一的认识。因此，一些研究人员把季节性融化层水归为上层滞水；一些研究人员把它划为地下水；还有一些研究人员认为它不属于任一分类，而是岩层圈重力地下水的特有一类；第四类研究人员的观点正好相反，他们用季节性融化层寒区冻结层上水的类型来划分上层滞水和地下水。

研究人员在这个问题上缺乏共识也进一步证明了，现有的冻结层上水分类表还没有完成，必须进一步的完善。

表 3.1 是作者编制的寒区冻结层上水分类表(Шепелёв，1983a、1987、1991、1992、1995a、2009；Shepelev，1983)，借鉴了已有的冻结层上水示意图，保留了一些公认的子类名称（如：季节性融化层水）。在编制分类表时，重点强调了冻结层上水和岩层圈重力地下水相应类型间的联系。依据这一点划分出以下三种类型：冻结层上层滞水，冻结层地下水和季节性融化层水。

冻结层上层滞水在稳固发展的季节性冻结层的活动层中形成，也在间歇的、岛屿的和残存的寒区半包气带不透水融区形成。作为隔水层，夏季时，随着季节性冻结层的融化，这些水在其顶部聚集。季节性冻结层融化后，冻结层上层滞水随之全部消失，只能在下一年暖季才能重新形成。

总体来说，冻结层上层滞水有如下特点：①只出现在暖季的特定时期，消失在季节性冻结层全部融化时；②水层薄；③由于季节性冻结层融化的不均匀，水体不能保持固定的面状状态；④季节性低温隔水层顶部面积逐渐变小；⑤完全没有静水水压。

上述特点证明，冻结层上水是上层滞水本身的变异。而且，与后者的主要区别在于：冻结层上水不在岩层隔水层的扁豆状晶体和夹层上形成，而是形成在融化的季节性冻结层的临时低温隔水层。冻结层上层滞水存在的时间长短由季节性冻结层的厚度、含冰率和岩层温度来决定，一般为春末夏初的几昼夜到 1 ~ 2 个月不等。

尽管存在的时间短，冻结层上层滞水在严寒少雪的个别年份却对地下水和地表水的水体状况影响很大。例如，1994 年在西西伯利亚的许多河上发生了很大的春汛。这是由于 1993—1994 年冬天少雪，没有预测到洪水的发生，因此造成了很大的物质损失。然而，洪水的发生和冬季的严寒使得该区域季节性冻结层土壤底土非常深厚。因此，季节性冻结层一直保持到积雪大量融化的时候，这时融化的水渗入到地下水层非常困难。其结果造成了所有的积雪融化水以冻结层上层滞水的形式流入河中，致使河流水位急剧上升。

当季节性冻结层和多年冻结层相融时，季节性融化层冻结层上水在活动层形成。依据自身的特性，季节性融化层的冻结层上水位于冻结层上层滞水和冻结层上地下水的中间位置。在暖季，冻结层上层滞水在低温隔水层的活动层上形成。由于季节性冻结层融化，低温隔水层的顶部沿剖面向下位移。然而，冬季时，由于季节性冻结含水层来自于地表，因此冻结层上地下水具有静水水压。除此之外，在暖季末期，尤其是冬初，这些水在季节性低温隔水层顶部形成，在活动层冻结层逐渐累积，自上而下位移。

如果说在夏季，冻结层上层滞水具备季节性融化层水的主要特征，那么在冬季，冻结层上层滞水就具有冻结层上部地下水的某些特点。也就是说，冻结层上层滞水是寒区冻结层上水两个子类之间的中间状态。很明显，这种情况致使研究者到现在对于季节性融化层水属于岩层圈重力地下水的哪种类型还没有统一意见：它是上层滞水，还是地下水？

按照季节性冻结层特点，季节性融化层的冻结层上水可以划分为两类：不冻结水和冻结水。

（1）不冻结水。通常在湿度不足或在明显的斜坡上形成，条件是夏季资源枯竭或形成强水流。在这类地形条件下，季节性融化层水只是在暖季的大雨后形成。临近冬初时，这些水或是完全消失，或是一定时间内继续起作用，但其水平面急剧下降，因此它们不会发生季节性冻结现象。所以不冻结水和冻结层上层滞水很相似。

（2）冻结水。通常在地势平坦、海拔较低的地段形成。由于其坡度小，季节性融化层的冻结层上水水流形成困难，一般形成在夏季初期的活动层。它们不但可以在整个暖期存在，还可延续大半个冬季。由于水位降低慢，致使冬季经常冻结，并具有低温水压。在低温水压的作用下，其排泄和水流强度增加。所以，冻结层上水和冻结层上地下水有很大的类似度。

冻结层上地下水在连续的或残存的寒区不透水融区形成。这些水在多年冻结层顶部形成，就面积和剖面来看，这是一个低温隔水层。重力地下水处于第一隔水层上，如上述所说，它属于地下水的一部分。该子类的冻结层上水具备一些特性。这类水不存在于岩层圈，而是在低温隔水层。在这种情况下，虽然低温隔水层是多年性的，由于冻结层顶部向上或向下发生位移，因此低温隔水层的上部边界也随之变化。除此之外，在含水层发生部分季节性冻结时，这些水可以获得短期的低温水压。因此，它们属于地下水的特殊变异。

按照在冬季时期的冻结程度，地下水可以划分为两类：部分冻结水和不冻结水。冻结层上地下水可以在半包气带和局部水下饱和区（在河床、沼泽、湖床和其他水下不透水融区），及在北极海陆架上饱和的潜水区形成。必须指出，在冬季或在一定的多年期，矿化度升高的冻结层上地下水呈负温。这种特性与地下水有本质不同。

很少有孤立的冻结层上水，一般情况下，冻结层上水的各个子类和水系统存在紧密的联系，按照水文地质冻结条件，冻结层上水的蓄水池和水流动态发展特征复杂（图 3.2）。

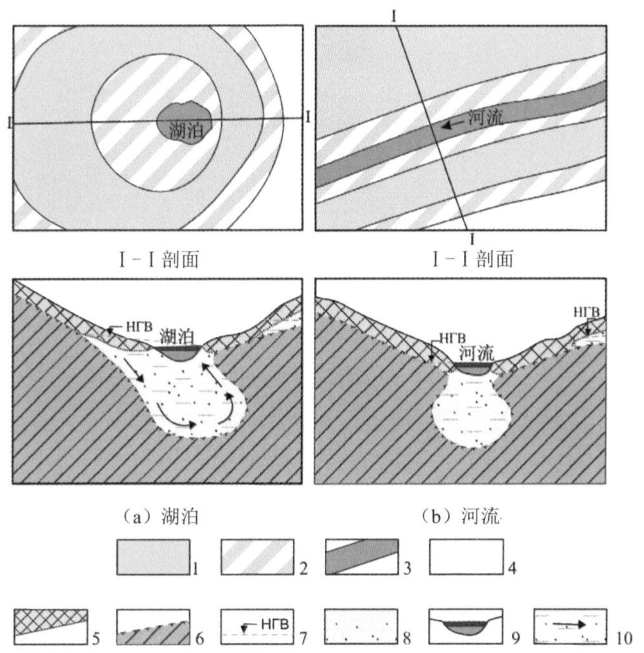

1—在冬季时发生冻结的季节性融化层冻结层上水的分布面积；2—部分冻结的冻结层上地下水；3—水下饱和区域非冻结的冻结层上地下水；4—半包气带水分饱和区域非冻结的冻结层上地下水；5—活动层冻结层及边界；6—多年冻结层及上部边界；7—冻结层上地下水水位；8—融化的不含水沉积层；9—表面水流和水体的结冰面；10—含水沉积层及地下水运动方向

图 3.2　冬季湖泊和冬季河流平面和剖面图

在研究区域，考虑到含水层的岩层成分、年份、起源等因素，需要进一步地将冻结层上水种类进行细分。必须进行翔实的专业性的勘探调查工作，以便确定它们的用途、规模及阶段性。

3.2　冻结层上水的分布规律

弄清冻结层上水的分布规律十分困难。原因在于，影响冻结层上水形成和分布的自然因素有很多，例如：土壤湿度、地形高度、地面坡度、岩石成分及地质剖面部分的岩层特性，大气沉淀物的季节扩散、一年中冷季和暖季的比例、气温、季节性冻结层和融化层的深度等。

由于全球各局部区域的气候和岩层温度不同，几乎所有上述因素都会发生周期性变化。而且，不仅个别参数特征会发生改变，甚至连具有不可逆性的自然条件也会发生变化。因为，在季节性及多年性冻结岩层外的生成基质可以非常保守地应对各种气候变化。在寒区，在各种气候变化的持续影响下，岩层的生成基质发生本质变化，周期性地从低温状态转为后低温状态，再由后低温状态转为低温状态。因此，在研究冻结层上水分布规律时，除了上述的自然因素之外，必须还要考虑地球历史因素及岩层生成基质的低温变化因素。

地球历史因素对弄清冻结层上水的形成和分布规律发挥着很重要的作用。众所周知，北半球第四纪气候特征是冷暖循环交替。它们有着不同的持续性和起源，类似的周期，互相影响，形成了独特的热共振效应，本质上提升了温度变化的幅度(Шепелёв，1997а；Балобаев、Шепелёв，2001、2003)。在变暖期间，活动层的厚度增加，季节性融化层的冻结层上水转化成冻结层上地下水，形成了冻结层上层滞水。在变冷期间，含水层的冻结层上地下水的面积和厚度减小，并转化成一种冻结层间水，之后可能会完全冻结。由于冻结层上水形成条件的多因素性，得出冻结层上水的分布受全球气候变化的影响的结论。而实际上，个别地区的局部区域特点使弄清冻结层上水的分布规律更加复杂。在这种情况下，深入全面的统计是十分必要的。

首先，C.M. 法吉耶夫(1978)用地球历史法对寒区地下水的形成和分布状况进行了分析，按多年冻结层的形成、分布、发展状况及地下水低温变化的特性，将苏联地区进行区域划分。

在对冻结层水文地质状况进行地球历史分析时，C.M 法吉耶夫选取了距我们最近的三个全球气候变化时期作为例证：①在北半球的晚更新世变冷时期，多年冻结层的厚度和分布面积有所增加（最小约为 2 万 ~ 1.8 万年前）。②全新世变暖时期，在此期间多年冻结层的面积急剧缩小（从大约 6000 ~ 5000 千年前）。③晚更新世变冷时期始于大约 5000 年前并持续到现在，在此期间，在全新世最佳条件的融区发生了大规模冻结。C.M.法吉耶夫将地下水和多年冻结层在地球历史发展时期相互间的联系编制在区域划分图中，后来该图经过几次补充(Мельниковидр，1983；Романовский，1983)。

在 B.B.巴武林、H.C.塔尼洛瓦、K.A.康德拉吉耶瓦（1987）和 K.A.康德拉吉耶瓦、Э.Д 叶尔绍夫（1988）等研究人员的研究结果及著作的基础上，作者编制了欧亚大陆北部冻结层上地下水的冻土区分布图 3.3（Шепелёв，1995а、1998）。图 3.3 中划分出了三个主要的冻结层上地下水分布冻土区：北部冻土区、过渡冻土区和南部冻土区。

北部冻土区包含了冻土区的广大区域，该区没有发生过全新世期多年冻结层的大面积融化。在全球气候大变暖时期，该区的冻土条件对冻结层上水的形成和分布发展十分不利。显然，在当前时期，该区的冻土区条件对冻结层上水的形成和分布发展也是不利的。这里的冻结层上地下水呈局部分布的特征，归属于（下溢的和地下的）水下不透水融区。

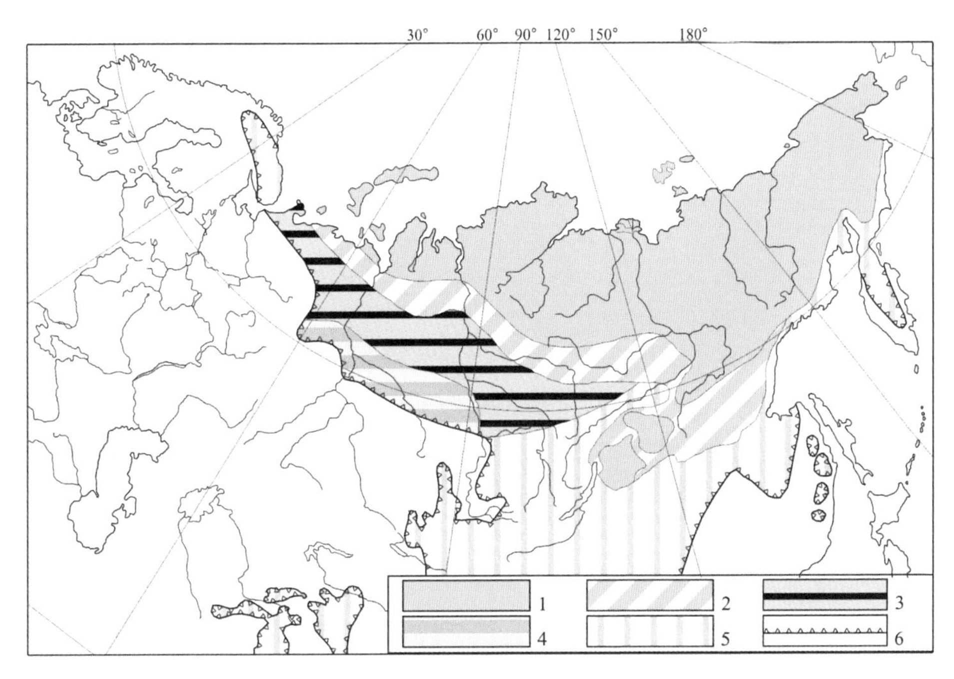

1—北部冻土区；2~4—带亚带的过渡冻土区；2—冻结层上地下水在更新世单层冰岩带的局部分布；3—冻结层间水在双层冰岩带的分布；4—冻结层上地下水在更新世残留的冻土区的分布；5—南部冻土区；6—冻土区分布边界

图 3.3 欧亚大陆北部冻土区冻结层上地下水分布图

过渡冻土区包括这样的区域：在全新世气候变暖时期，多年冻结层顶部在此发生了大规模、很深的融化（达到 120~200m），也就是说可以观察到冻土区状况的实质变化。该区域分为三个子区域：

第一个子区是仅在全新世期残存的半包气带融区的局部区域，是由于冻结保留至今。类似融区的形成，也是由于冻结并长久保存至今。这种情况是特殊的自然条件造成的，它通常在高渗透沉积层的表层埋藏（大颗粒风积沙或冲击沙、含碳酸盐的裂缝岩层等）。这使得类似地区的包气带岩层内水流快，对流传热和冷凝过程活跃。

第二个子区融化层面积大，岩层厚，这类融化层和岩层的残留聚合物形成在全新世时期，保存至今，表层普遍发生多年冻结。在这个子区中，冻结层上地下水在半包气带融区和水下融区的局部地段存在并发展。冻结层上地下水和冻结层间水有着紧密的联系，冻结层上水和冻结层间水以地下蓄水池或地下水流的形式存在，两者有统一的水循环系统。

第三子区是过渡区，它包括更新世时期的残留冻土区。在更新世时期形成的冻结层上地下水含水层和残留聚合物发展至今，分布广，岩层厚，且表层没有遭受到多年冻结。

南部冻土区域内，更新世时期的多年冻结层在全新世时期完全融化。如今，基本上是全新世早期的多年冻结层的遗迹。通常，把多年冻结层上地下水划归为新形成的多年冻结层区域内的不透水融区。

在研究冻结层上地下水的形成及分布规律时，考虑地球历史因素的影响具有非常重要的意义，图 3.3 着重强调了这一点。这类水分布广阔，特征清晰，其形成受全球气候条件变化的制约，具有明显的区域性特征。

除了地球历史因素外，岩层生成基质的低温变化因素对弄清冻结层上地下水的形成及分布规律也十分重要。众所周知，在冻土区，坚硬岩石的物理风化作用更快，因此，水由液态变为固态，又由固态变回液态。这一过程对岩层的结构性质及相互间联系产生了实质性的影响。坚硬的岩层受低温破坏使得裂隙度和孔隙度增大，这就显著提高了沉积层的渗透性。

正如现场试验调查结果所示，解冻后，由于低温后裂隙度和孔隙度的增大，所以黏性土（黏土、砂质黏土等）的低温变化通常可以提高岩层的渗透性(Потрашков、Хрусталев，1961；Водолазкин，1962；Конищев，1981；Суходольский，1982；Оловин，1983；Конищев、Рогов，1985；Рогов，2009；Brown，1970；Outcalt，1974；Chemberlain、Gaw，1979)。在这种情况下，在类似的沉积层中低温后的裂隙具有向下垂直的倾向性。因此，在解冻时，黏性土的渗透性提高。

在这种情况下，岩层的低温变化从整体上能提高其矿化度，也能够促进冻结层上水在沉积层中的形成。按照岩石圈的特点，沉积层属于非寒区的不透水融区。岩层的透水性很大程度上影响着地下水的蓄积和形成。考虑到这种情况和渗透条件的多变性，研究冻结层上水的分布规律、在寒区低温形成过程及分布多变性的特征具有重要的意义。

许多研究者指出寒区生成过程具有区域性特征（Баранов，1963；Попов，1967、1976、1983；Романовский、Шапошникова，1971；Романовский，1977；Конищев，1981；Ершов，1982；Жесткова，1982；Попов и др.，1985；Шумилов，1986；Mackay，1973）。例如，А.И.波波夫（1983）在分析岩层表面生成特征的基础上，把欧亚大陆寒区（冰岩带）发展过程分为四个亚纬度子区：极地子区、副极地子区、北方子区和亚北方子区。在极地子区，冻结成岩过程具有明显的优势。这一过程通过水流的移动，裂隙度的扩大以及在冰岩带剖面上部形成多边形冰等方式使得岩层的水分发生变化。在后两个子区中，冻结成岩逐渐减少，低温风化作用增强。如今，在最南部的亚北方子区有季节性冰岩带的分布，冻结表生作用显著。А.И.波波夫（1983），认为，在一些区域，冰岩带的生成过程具有变化性。这些区域是岩石圈中年平均气温和温度梯度差比较大的区域。

Н.Н.罗曼诺索夫斯基（1977）更深入地分析了冻结成岩出现的区域特征，将其分成三种低温裂隙类型：北部类型、过渡类型和南部类型（图 3.4）。

北部类型的特点是季节性融化层完全冻结后形成冷冻裂隙。由于这一特性，冷冻作用形成的裂隙能增加沉积层和多年冻结层上部的渗透性。多边形冰楔在这些裂隙中形成并发育。冬季末期，裂隙宽度达到 2cm，而活动层底部裂隙宽度为 0.5 ~ 1.0cm。

裂隙平均深度为 4 ~ 6cm，最深可达 13m 甚至更深。在多边形网状区域中，裂隙之间的距离在 10m 到 30m 之间(Романовский，1977；Методические рекомендации…，1981)。本类型存在的区域气候寒冷，活动层薄。

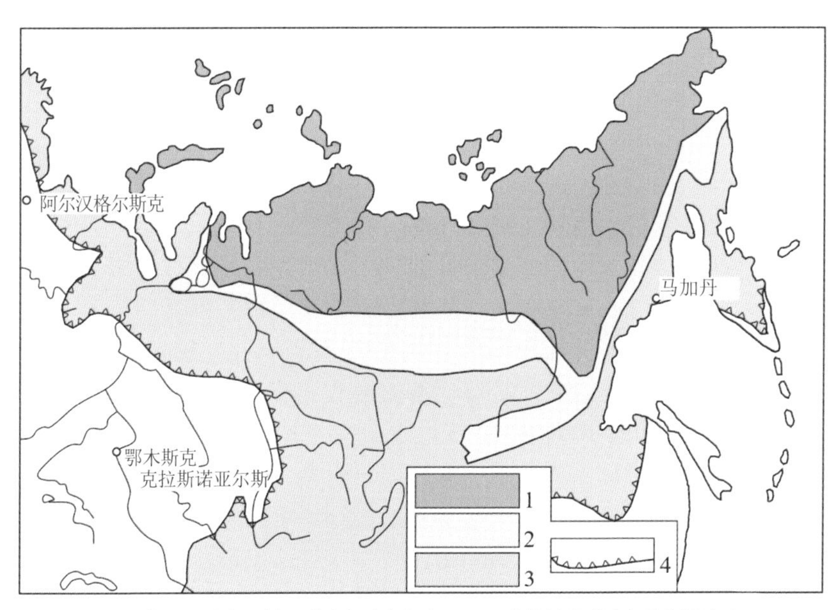

1,2—北部和过渡类型低温裂隙主要发育地区；3—南部低温裂隙主要发展地区；
4—多年冻结层的南部边界

图 3.4 欧亚大陆北部不同类低温型裂隙岩层的分布

在过渡类型中，季节性低温裂隙多发生在寒冷条件适中的地区。冬季，岩层冻结时，这里的冷冻裂隙主要在活动层形成。在多年冻结层与季节冻结层融合后，只有一部分裂隙渗透到活动层。其结果如 Н. Н. 罗曼诺索夫斯基所说，形成了由地下岩脉和双层冰脉（冻结层）组成的多边形岩脉系统（Романовский，1977，с.53）。裂隙宽度可以达到 0.2 ~ 2.0cm，深度可以达到 2 ~ 4m。在多年冻结岩中，裂隙距离可以达到 5 ~ 15m。

在南部类型中，低温裂隙出现在季节性冻结区。这种类型的特点是冻结裂隙只在活动层形成。秋季时，裂隙数量达到最高值，这时雪层薄，对活动层的保护作用甚微。在昼夜温差波动的影响下，活动层的张力急剧拉伸(Жуков，1944；

Карпов，1961；Методические рекомендации…，1981)。因此多边形的宽度不大（平均 0.3 ~ 2.0m）。而裂隙的宽度取决于沉积层的岩石成分，在 2 ~ 16cm 之间。

从图 3.4 中可以看出，低温裂隙各种类的分布区域具有明显的纬度特征。结合低温裂隙相应类别的特点，可以确定活动层冻结层上水分布的纬度带。例如，北部类型区域内，在岩层低温裂隙形成的季节性融化层冻结层上水的特点，与冷冻裂隙不断增大（明露性）息息相关。这些裂隙不仅渗入了活动层，还渗入了很深的多年冻结层。春季，在积雪融化期，一部分大气降水和季节性融化层的冻结层上水沿着冷冻裂隙流入多年冻结层，转化为固相，使多边形冰脉数量达到最大值。因此，该区域每年都会在活动层冻结层上水和大气降水水循环中发生低温回潮。由于季节性融化层岩层薄，因此水容量较小（大约 0.5m）。在短暂的暖季，受水量小及北极冻土带地形平坦的影响，在此形成了独具特色的无法划分的表层-冻结层上水，加速了该区域的沼泽化(Пояснительная записка…，1991；Шепелёв，2007a)。

在后两个低温裂隙类型的分布区域内，活动层冻结层上水分布广阔，这与较深的季节性融化层有关（达到 1.5 ~ 3.5m）。在疏松的细沉积沙层（亚砂土、砂质黏土）的分布地段，岩层的冷冻裂隙性促进了季节性融化层冻结层上水的形成。在春夏季节，部分融化的雪水和大气降水沿着冷冻裂隙和冷冻后裂隙入渗。可以说，在类似的地段，入渗补给和冻结层上水水流呈独特的局部多边形形状。在这种情况下，大气降水的入渗、冻结层上水的形成和流动主要在冷冻后裂隙（由于冷冻裂隙呈多边形网状发展而形成的）中进行。

除了具有纬度性特征，冻结层上水作为自由换水区的重力地下水，总体上具有垂直分布特征或垂直地带性，这是形成于连续山区及断裂冰岩带的冻结层上水的主要特点。而形成于冰岩带岛屿的山区及季节性冻结层的冻结层上水通常不具有垂直地带性，这是因为此处的冻结层上水分布呈局部性特征。

许多研究者致力于研究冻结层上水的分布与垂直地带性及区域地形特征之间的关系问题(Толстихин，1941；Швецов，1951；Губкий，1952；Калабин，1960；Ефимов，1964；Фотиев，1965、1978；Вельмина，1970；Толстихин О.，1974；Катюрина и др.，1976；Зинченко и др.，1978；Романовский，1983；Бойцов，2002a)。通过对这些研究者的研究成果进行概述，再结合作者自己的观察(Шепелёв，1985、1998、2002)，指出，冻结层上水的分布规律与冰岩带外圈山区地下水的分布规律是一样的，都受地域的垂直高度影响。

造成地下水分布呈垂直地带性的主要因素如下：①近地面气温与大气降水的变化；②表层和含水层成分的变化；③地区坡度的突然改变。

上述因素对冻结层上水分布的影响，在某种程度上改变了冻土因素的作用。冻结层上水具有垂直地带性的特点。例如，在冰岩带的山区可以观察到，随着大气降水的增加，水平面的海拔也随之升高。然而，在同样的条件下，中-高山区的年平均气温和辐射热平衡面积会有所降低，这使得季节性融化层的深度和河床含水融区的厚度发生减小。所以，尽管随着海拔的增加，冻结层上水依靠大气降水的入渗补给的潜在能力会增大，然而随着地区海拔的升高，冻土条件不适宜大量的冻结层上水的形成。

考虑到这种情况，一些研究人员在研究冰岩带中-高山区冻结层上水的垂直带性的特点时，划分了冻结层上水的地下热水蓄水区，该蓄水区通常位于山间河流流域的上游(Толстихин О.，1974；Романовский，1983)。而高山地带的名称和分类强调了冻结层上水的形成、分布、补给与冻土条件间的紧密关系。

由于冻结层上水的埋藏深度受低温隔水层制约，而大多数情况下，低温隔水层顶部通常和地面坡度一致。在中-高山地区，无论是季节性融化层的冻结层上水，还是在河床上聚积的冻结层上地下水，它们的分布都具有明显的垂直地带性。在图 3.5 中，作者编绘了类似区域内河流域流体垂直地带的总示意图。

图 3.5 中划分了三个水文地质动态区域：冻结层上水水流的缓慢区，快速区和极快速区。在个别河流流域，受河流长度和水量、地形特征、气候。岩层成分等因素的不同影响，个别河流流域没有被划分为 3 个水文地质动态区，而是划为 2 个或 4 个。

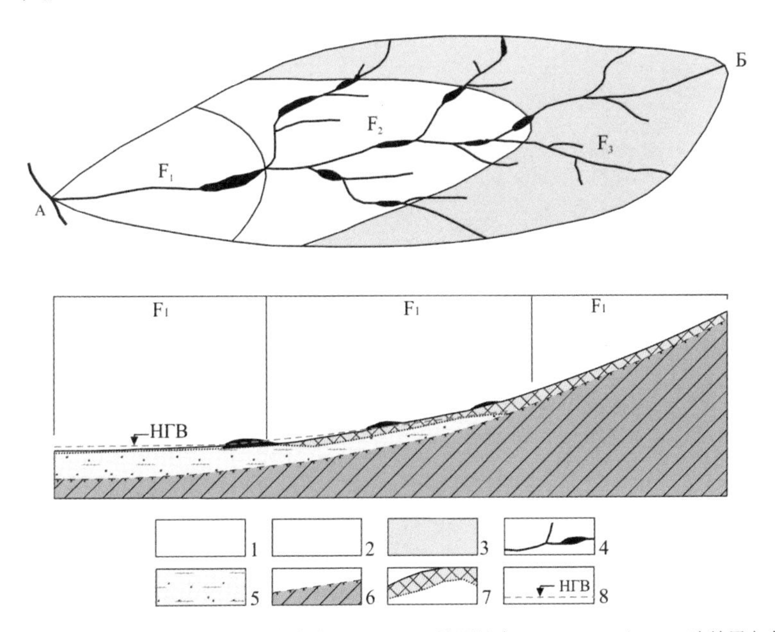

1—冻结层上水水流缓慢区（F_1 冻结层上水水流速 v=1～10m/d 地面坡度 j=0.001～0.1）；2—冻结层上水水流快速区（F_2 v=10～15m/d j=0.01～0.1）；3—冻结层上水水流极快速区（F_3 v=10～50m/d j>0.1）；4—冰块；5—融区含水层；6—多年冻结层；7—活动层的冻结层；8—冬季冻结层上地下水的水位

图 3.5 冻结层上水在流域平面及剖面分布示意图

总体上得出的结论是：冻结层上水分布的垂直地带性与冻土条件变化的垂直

地带性关系密切。

在冰岩带（寒区）低山区（绝对标高小于1000m），年平均气温、辐射热平衡面积以及活动层的厚度的变化更为复杂。例如，逆温不是随着海拔的升高，气温降低；反而是随着海拔的升高，气温升高。所以，在这样的条件下，冻土因素将不会对依靠大气降水下渗补给的地下水的垂直补给面积产生根本性影响。这种情况促使分水地段在冰岩带之外的区域获得了原始的水文地质学数值，这是因为地下水渗入供给的局部地域。由于冻土因素对有地下水分布的垂直地带影响降低，所以雅库特南部低山地区能够存在并形成分水融区。图 3.6 中是类似条件下形成的分水层区冻结-水文地质图。夏季，地下水的补给主要依靠大气降水通过透水分水融区入渗补给。由于补给量大，致使融区地下水水位抬升。地下水水位超过河流水位时，就会形成从分水区流向河床的地下水流。而冬季时，由于没有了下渗补给，分水融区的地下水水位低于河流水位。水文地质状况的这种转换证明，在断续寒区，地下水的形成和补给条件，分布和水体状况有些复杂。

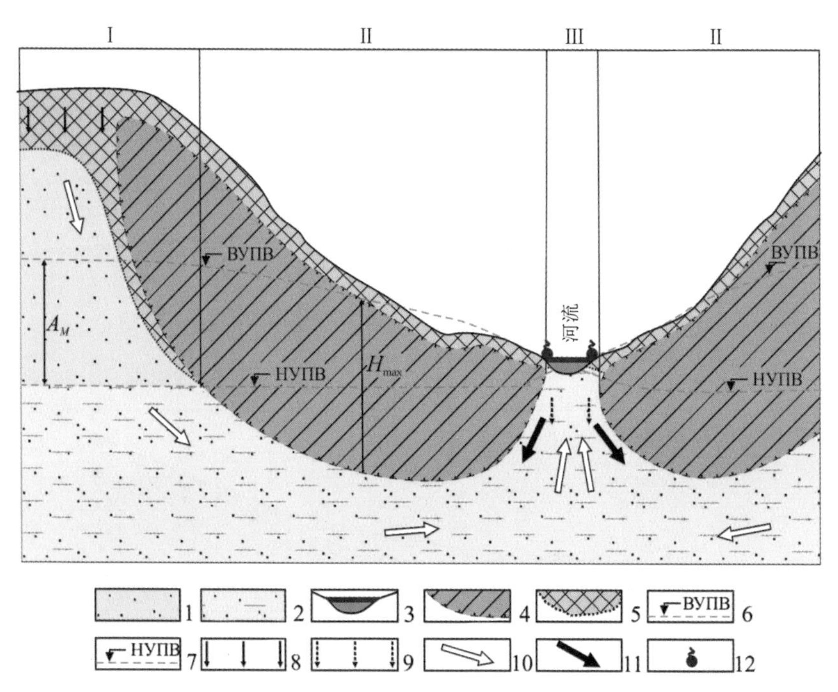

Ⅰ—透水的分水融区的季节性冻结层的部分区域；Ⅱ—无季节性冻结层区域；Ⅲ—河底融区；1—解冻的非含水层；2—含水层；3—河体及其上覆冰盖；4—多年冻结层及其边界；5—季节性冻结层；6—夏季地下水水位最大值；7—冬季地下水水位最小值（3月、4月）；8—大气降水对地下水的入渗补给；9—冬季地表水对地下水的入渗补给；10—夏季地下水运动方向；11—冬季地下水运动方向；12—季节泉；A_M—年地下水水位最大波动幅度；H_{max}—年地下水静水压最大值

图 3.6　在透水的分水融区，河水与地下水相互关系示意图

对上述问题进行分析之后，应当强调的是，整体来看，对冻结层上水分布的纬

度带和垂直地带性问题的研究，暂时还不全面。这是因为对冻结层上水的研究还很薄弱。实际上，在几十年前还没有任何关于寒区冻结层上水形成和分布条件示意图，在20世纪90年代科学院西比利亚分院冻土学研究所才绘制了一幅雅库特地区冻结层上水示意图，比例为 1:25000000(1993)和图例剖析(1991)。这个团队成功制作了一幅综合性的冻结层上水形成和分布示意图，涵盖整个雅库特地区。在分析这幅示意图时，论述了季节性含水沉积层成分、低温隔水层的深度、冻结层上水的水化学特征和分布状况、水量。在图例解析中，描述了示例图绘制的方法。并指出，"示意图绘制的是冻结层上融区水和季节性融化层区水，该冻结层上融区形成在多年性的融化-冻结周期过程中"(Пояснительная записка…，1991，c.5)。然而，图例的主要颜色代表季节性含水沉积层的岩石成分，颜色背景的色调既表现低温隔水层的深度，也表现季节性融化层岩层厚度。因此，可以得出这样的结论：图 3.6 展示的只是季节性融化层冻结层上水的形成和分布状况。但它却是关于冻结层上水区域示意图的第一次尝试，毋庸置疑，为后续的类似研究打下了良好的基础。

3.3 冻结层上水的排泄特点

地下浅水排泄到地表的过程，受自身各因素间的影响，主要表现在：

（1）地貌的类型决定了地下水的走向和水压梯度值，根据低洼地形（河谷，狭谷，冲沟和河的湖盆等）来弄清含水层间的交叉点。

（2）岩相决定了含水沉积层的特点、成分、岩层厚度、分布面积的变化。

（3）水文特征决定了地下水形成、补给、排泄条件等受河流水位波动的影响，以及受河床变迁过程（河床迁移和河流分道等）的影响。

（4）根据构造地貌来确定个别断面区地下水形成时间，可确定地下水水流交叉点的形成年代。

（5）根据冰雪地貌可确定地下水补给的特点和各类冰川侵蚀地貌（削平的冰川盆地、积雪窟洞地貌、冰斗等）的形成过程。

（6）人类建成的各种工程项目，有的能够直接排泄地下水（露天的采矿场、隧道等），有的能促进地下水的排泄（马路上的下水道排泄口、地下排水管道等）。

上述因素，打乱和改变了水系统的入渗补给，引起了地下水的排泄。A.M 奥夫琴尼科(1995)认为，泉水的类型可以分为侵蚀型、接触型、承压型、原始型和人工型等。

除了上述冻土和气候因素之外，寒区冻结层上水排泄主要受其形成、补给、水循环条件的影响。在冻结因素中，岩层季节性冻结和融化过程对冻结层上水的排泄影响最大。Н.И. 托尔斯基辛在自己的著作《岩层圈冻结区地下水》中指出："如果多年冻土保持原貌，本地区的水文地质会具备三种类型：冻结层上水，冻结层间水，冻结层下水，那么在地下水以泉水的形式溢出地表的过程中，冻结带和季节性冻结起着非常重要的作用。冻结区具有使地下水溢出地表的独特的条件，溢出过程中形成的水道在表层会发生冻结和融化。这类可以冻结和融化的独特泉水，在其他地区是没有的(Толстихин，1941，c.126)。

冻结泉不仅可以由季节性融化层中的冻结层上水形成，还可以由冻结层上地下水形成。按照水文地质动力状况的变化特征，在季节性冻结过程的影响下，这类泉属于回水类型，因为，它的形成与冻结层上水水量减少以及回水区的形成有关。在经过一段负昼夜温差比较稳定的时期后，冻结泉开始发挥作用。冻结泉持续时间长短取决于冻结层上水的埋藏深度、冬季初期负温度值和大气降水硬水水量。在冻结层上水溢出地表之前，地表隆起形成的丘陵，所以冻结层上水要穿透丘陵，溢出地表。

冻结泉的出水量不大，平均 0.01L/s，至多 0.1L/s。由于出水量不大，这类泉只是间歇性地向外溢出。一定的地下水溢出之后，静水水压消失，泉水不再溢出，进入停歇期。在此期间，冻胀丘的出水裂隙顶部发生冻结，冻结层上水的水位开始逐渐升高，直到静水水压打破丘陵出水裂隙顶部的冰为止。之后，一定量的地下水又重新溢出，静水水压消失。

冻结泉形成示意图见图 3.7。由图 3.7 可知，这类泉的出水量（$Q_{\rm np}$）可以按照下面的公式计算：

$$Q_{np} = \frac{2\pi K_{\phi}(\Delta h + \Delta Z) + \left[2h_0 - (\Delta h + \Delta Z)\right]}{\ln(x/l)} \tag{3.1}$$

式中：K_{ϕ} 为岩层渗透系数，m/d；Δh 为谷底标高下，冻结层上水高水位最大值，m；h_0 为入冬前峡谷区冻结层上水水层厚度，m；x 为冻结层上水泄水点到高水位的距离，m；l 为泉到冻结层上水回水区“分水岭”的距离；ΔZ 为入冬前在本地区最低点的冻结层上水水位深度。

冻结层上水溢出地表的过程是：在静水压作用下，冻结层上水的压力增加，水位抬升，在季节性冻结层的狭窄处冲破其表层。

该压力可（P 静水压）以按照下列公式近似计算：

$$P_{rcm} == (\Delta h + \Delta Z)\gamma_B g\frac{x}{l} \tag{3.2}$$

式中：γ_B 为水量的密度，kg/m^3；g 为自由落体的加速度，m/s^2。

这样，采取 K_{ϕ}=2m/d，Δh=0.8m，Δz=0.3m，h_0=0.7m，x=500m，l=30m，从式（3.1）和式（3.2）可以得出冻结泉水量数值。Q_{np}=2.5m^3/d（或 0.03L/s），对活动层底部压力 P_{rcm}=0.18MPa。

E.A. 鲁缅恩采夫（1966、1969）、B.P. 阿列科谢耶夫和 H.Ф. 萨夫科（1975）、Ю.Г.叶菲莫夫和 A.B.索特尼科夫（1979）、A.B.索特尼科夫(1984)等建议使用一些其他的分析公式，来计算冻结泉的出水量以及导致冻结层上水水位抬升的静水压值。

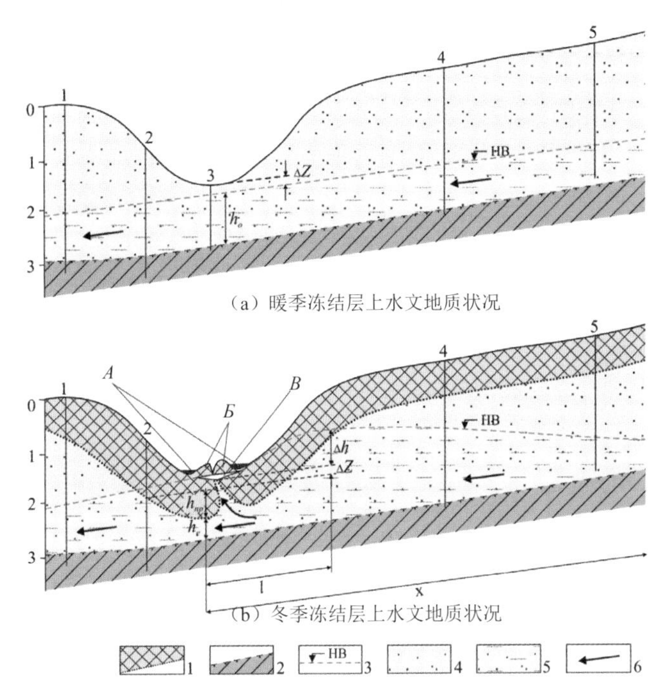

（a）暖季冻结层上水文地质状况

（b）冬季冻结层上水文地质状况

A—冰面；*Б*—冻胀丘；*B*—地下冰面；1～5 监测井；hπp—冻结层上含水层冻结的厚度；
h_e—冬季冻结层上水水流厚度

图例中：1—季节性冻结层；2—多年冻结层及范围；3—冻结层上水水位（冻层地下水位）；
4—融化的无水沉积层；5—含水层；6—冻结层上水流向

图 3.7　冻结层上水冻结泉的形成示意图

例如，A.B.索特尼科夫建议使用下面的公式计算：

$$q_{ucm}=k_{\phi}m_0J_0-k_{\phi}m_{\tau}\left[J_0+\frac{H_{CT(\Upsilon)}}{l}-\frac{k_{\phi}m_0H_{CT(\Upsilon)}}{\sqrt{2a\tau}}\right] \tag{3.3}$$

式中：m_0、J_0 为冻结前地下水水流厚度和坡度；m_{τ} 为冻结地段地下水流的厚度；$H_{CT(\Upsilon)}$为冻结地段的边界上地下水水位；l 为冻结地段长度；a 为含水层的压电常数；t 为冻结时间。

这类公式的计算方式主要根据低温回水区地下水斜坡的变化，计算出泉水涌流量和冻结地段的冻结层上水流层厚度下降量。在实际操作中，由于冻结层上水排泄区的表层隆起和正在冻结的冻结层上含水层低温水压的存在，精确的计算出涌流值是非常困难的。

季节性融化层的冻结层上水一般在冬季后的两三个月内形成冻结泉，水量不大。冻结层上水形成冻结泉的位置一般在河流、湖泊两岸的南坡，或者在横贯冻结层上水的低洼地形成。

冻结层上地下水的排泄在地貌因素、岩相因素、水文因素等其他因素的制约下，使岩层的季节性冻结对其影响很大。如果排泄过程终年存在，而且还受其他因素的影响，就不能把这类冻结层上水的排泄归结为冻结泉。

但是，岩层季节性冻结对冻结层上地下水排泄的影响是实实在在存在的，除此之外，冬季时，季节性融化层还能促进低温水压的出现，增加排泄的强度，引起排泄位置季节性多年性的变化（Толстихин，1941；Швецов，1961；Анисимова и др.，1971、1975；Романовский，1973、1983，Источники…，1973；Толстихин О.，1974；Шепелёв，1975、1987）。

Н.И. 托尔斯基辛和其他研究者划分完解冻泉的种类后，指出，实际上这些泉是季节性融化层水冻结层上季节滞水排泄形成的。在活动层融化层中，冻土因素对这类泉的影响是不均衡的。如果季节性融化层在补给冻结层上水的过程中，岩层急剧变薄，进而尖灭，那么就会形成夏季的季节性涌动泉。

无论对冻结层上水，还是对寒区其他类型的地下水，负温或冷冻因素无疑是影响其排泄状况的主要气候因素。在低温作用影响下，引起了地下水在地表排泄口的冻结，促进了冰丘的形成。冬季时，冰丘的形成改变了地下水排泄的状态。地下水透过季节性冻结层的冰丘喷出地表见图 3.8 和图 3.9。作者认为，地下水是通过冰丘底部的圆形裂隙排泄到地表的。这类裂隙是以独特的冰形“阀门”形式存在，在冰丘形成的一定时期内，裂隙具有透水性，水在压力的作用下，向地表水体排泄(Источники…，1973；Шепелёв，1979)。在静水压消失之后，水停止向地表排泄，并且在裂隙表层的水开始冻结。随着静水水压的逐渐增大，穿透冰丘的结冰层，地下水又开始通过裂隙排泄，循环往复。地下水通过冰丘的裂隙定期向地表水体排泄，使冰丘形成了纹理状特征。

可通过冬季的持续时间和寒冷程度，以及地下水涌流量和向地表排泄的条件来确定冰丘的大小。

季节性冻结泉形成的冰丘，差不多是冻结层上水所有的排水量。在这种情况下，可以按照著名公式来计算冰丘的大小：

$$W_n = Q_{np} k_f \tau_н \tag{3.4}$$

式中：W_n 为冰层数量，m^3；Q_{np} 为冻结泉出水量，m^3/d；k_f 为冰水转换比例参数；$\tau_н$ 为冰层形成时间，d。

冻结层上地下水在冰丘表面喷出的泉水，有一部分流到了河谷，流淌过程中，在河流冻结的表层形成了水道。通过公式可以确定冰丘的冻结泉水量：

$$l_{\mathrm{n}}=\frac{k_f W_n \cdot 100}{Q_{uc\mathrm{T}}\tau_э} \tag{3.5}$$

式中：l_n 为冬季，冰丘地下水出水量参数值，%；W_n 为冰丘大小，m^3；Q_{ucm} 为冬季或临冬冰丘形成的泉出水量，m^3/d；$\tau_э$ 为冬季的持续时间，d。

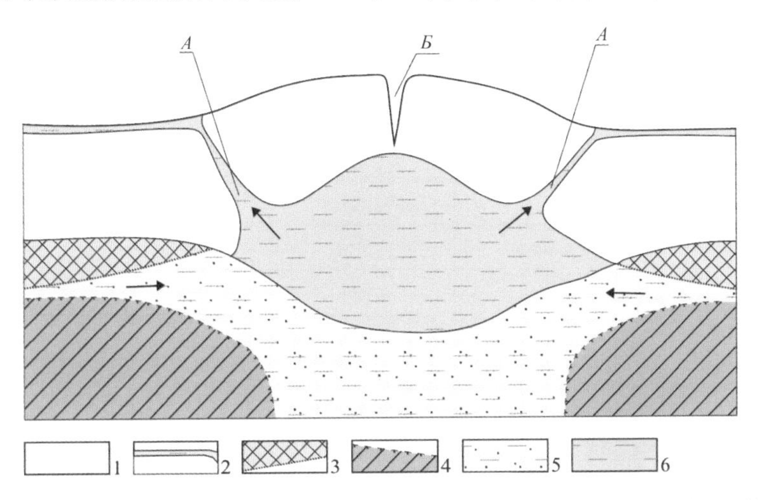

A—冰丘陵底部的圆形裂隙；Б—冰丘顶部的径向裂隙；1—冰面；2—冰丘表层水；3—季节性冻结层；4—多年冻结层；5—河床下部的含水融区；6—地下水排泄形成的溪流河床；7—水的流向

图 3.8 地下水透过冰丘的排泄示意图

图 3.9 河谷上的冰丘（Ю.А.穆拉吉娃的照片）

按照式（3.5），作者计算了雅库特地区一些泉水冰丘的 l_n 参数值，见表 3.2。表 3.2 的结果证明了冰丘的含水量占冬季泉水出水量的 50%左右。毫无疑问，这种情况指的是按照冰丘的指数（冰丘的数量和面积，相对结冰系数和其他）来计算地下水的自然资源量。

表 3.2　冬季雅库特地区一些泉水冰丘出水总量

泉水	冰丘数量 $W_n/10^{-3}m^3$	源泉冬季出水量 $Q_{ucm}/(m^3/d)$	l_n/%	$Q_{п3}/(m^3/d)$
乌拉汗-塔楞	1385	17539	48	8945
布鲁斯	938	9245	55	4160
叶留	341	3508	59	1438
苏拉尔	76	1088	42	631
穆谷尔-塔楞	1800	24538	36	15704
塔楞-尤里亚赫	4740	40990	46	22135
季霍-尤里亚赫	2470	18576	53	8731

注　$Q_{п3}$ 为部分流向河床的冬季泉水量，$Q_{п3}=\dfrac{Q_{ucm}(100-l_n)}{100}$。

冬季时，寒区冻结层上地下水和其他类型的地下水是以冰丘的形式逐渐累积的，冰丘由地下泉水形成，呈低温和冰状。冬季时，地下泉水溢出水面所形成的冰层，减少了河流的地下补给量。冰丘在暖季融化，冬季到夏季的这段时间中，冰丘对泉水的水流进行了重新分配。由于一些寒区的冰丘含水数量庞大，因此，在整个水文和气候自然水循环中，冰丘被视为寒区水循环系统中独具特色的一环。

第 4 章　自然环境因素对冻结层上水补给的影响

4.1　大气降水入渗补给

众所周知，在所有因素中，大气降水通过冰岩带表层入渗是影响地下水和上层滞水水源补给的首要因素。然而这种因素对于地下水的影响取决于多种条件：年降水量、大气降水的形式和强度、地形的降坡和表层厚度、空气温度和地下水的多变性、岩石成分、包气带岩层的厚度和温度、土壤层的厚度和成分、地表植被的特性和种类等其他条件。

该研究因素的复杂性受整个自然环境制约。这种复杂性是由于在大时空条件下，大气降水对地下水的影响不断发生变化造成的。所以，在绘制地下水分带示意图、地下水动态示意图、水资源示意图等各种图时，该因素通常作为关键因素考虑。由于大气降水的下渗对地下水的影响具有面状特征，所以我们通常把大气降水的多少作为衡量地下水状况的主要标志之一，即降水和地下水的分布具有一致性。大气降水的面状特点有利于加强其对地下水水体和水资源状况的影响，甚至在大气降水量不多的情况下也能完全转化为下渗的地下水水源。

每年 60%以上的大气降水可以通过多年季节性冻结层下渗。一般情况下，在寒冷季节，地下水的主要下渗水源都依靠大气降水；而在暖季，大气降水的绝大部分被蒸发和用于植物的蒸腾作用（Исрафилов，1972；Лебедев，1980；Гидрогеология，1984；Всеволожский，2007）。

在冻结层水源补给方面，大气降水的下渗多少有一定程度的复杂性。那么，如何解释这一复杂性呢？这是因为：在寒区，除了上述所列举的影响大气降水下渗量的因素外，还有其他因素的影响。首先，冬季漫长是这些因素中的首要因素。在漫长的冬季，活动层的岩层会发生季节性冻结，冻结层上水流经到冻结地带后会发生结晶现象。当活动层解冻时，冻结层上水补给源不仅包括该年度暖季的大气降水，还包括积雪融水和地下冰融水。在冬季，这些积冰凝聚在包气带岩层上，它们绝大部分来源于上一年夏季储存的冻结层上水。因而，寒区岩层的季节性冻结对大气和地下水循环起着综合性作用。尤其应当指出的是，水资源重新分配时，冻结层上水的补给不仅依靠冬季至暖季间的大气降水，在某种程度上还依靠上一年夏季至下一年夏季间的大气降水。

活动层的细疏岩土（砂壤土、砂质黏土）融化之后会具有很多的冷冻期后裂隙。这一裂隙大部分具有规则多边形的特征（见表 4.1）。这种沟沟壑壑的形态特征有助于积雪融水和大气降水的下渗，这也使得下渗水源形态具有局部多边形特征。

鉴于本次科研活动是在多重复杂的条件下进行的，因此分级测量出单独某年度的大气降水对冻结层上水的补给量是极其困难的。只有借助专业的水量平衡器和渗漏测定计进行观测，才能得出冻结层上水补给量的相关数据。但是这只是在各种条件下所进行的估算。实质上，年大气降水下渗量是无法精确统计和核算的。积雪融水的下渗量和包气带饱和冰岩层融冰下渗量也是如此。除此之外，在周密的观测研究中还发现：一般情况下，在包气带中，大气降水对冻结层上水补给的影响取决于水蒸气冷凝总量的多少。

这样一来，使用水量平衡器和渗漏测定计通常只能大致估量出大气降水对冻结层上水的补给总量。即便如此，这些观测结果依然揭示了一年或连续几年的大气降水总量的动态状况，也使得我们可以对下渗到冻结层上水层的各种形式的大气降水进行高质量分析。表 4.1 中，季节性融化层大气降水补给总量的数据，是作者在雅库特中部地区利用水量平衡器测量出来的（Шепелёв，1978）。对冻结层上水平衡的观测是在砂沉积层、疏松的土壤覆盖层和松树林植被等活动层进行的。如表 4.1 中的数据所示，在类似的地区，水蒸气冷凝对冻结层上水补给的作用不是那么明显。

表 4.1　关于雅库特中部地区的大气降水对季节性融化层中冻结层上水的年补给总量

参数	1 月	2 月	3 月	4 月	5 月	6 月	7 月	8 月	9 月	10 月	11 月	12 月	全年
降水量 X_0/mm	12	8	2	26	7	66	70	43	9	43	12	5	303
下渗 W_x/mm	—	—	—	—	—	35	25	16	9	—	—	—	85
下渗系数 $k_w=W_x/X_0$	—	—	—	—	—	0.53	0.36	0.37	1.0	—	—	—	2.26
下渗总量 W_x/%	—	—	—	—	—	41.2	29.4	18.8	10.6	—	—	—	100
降水总量 X_0/%	4.1	2.6	0.6	8.6	2.3	21.8	22.9	14.1	2.9	14.2	4.4	1.5	100

在各种疏松岩层（砂土、亚砂土、亚黏土）包气带的复杂条件下，表 4.1 所示数据在某种程度上反映出，活动层冻结层上水的下渗状况具有相似的特征 (Румянцев，1969；Конжин、Кальм，1970；Пигузова、Шепелёв，1972；Оберман，1973；Катюрина и др.，1976;；Какунов，1977、1982б；Зинченко и др，1978；Блохин，1979；Бойцов，1985、1989、1992、2002а)。需要指出的是，我们多年来在寒区

不同地区进行了详实地观测，而最终所获得的数据也证明了这一点。在冻结层季节性融化初期，活动层冻结层上水达到最大值。这些冻结层上水的补给基本上都来源于冬季积蓄的地下冰融水和积雪融水，如图 4.1 所示。在随后的暖季，下渗到地下的水量有所减少，尽管夏季降水量在全年降水量中占的比重最大。这种情况也证明了：在计算大气降水的系数和活动层冻结层上水补给量时，不仅要考虑当年夏季的降水量，还要考虑到上一年冬季的总降水量。据统计，冬季的降水量为 $X_{冬}$=130mm；而暖季的降水量为 $X_{夏}$=188.2mm。冬季降水量是夏季降水量的 69%，应当指出的是，这一数据几乎约等于连续暖和季节天数（153d）和连续寒冷季节天数（128d）的比值。乍一看，这有些偶然，实际上，这一相似性符合相应的物理学理论，即：在一年中，空气湿度和温度之间的平衡关系。可以得出以下公式：

$$б_{tw} X_{冬} t_{冬} = X_{夏} t_{夏} \tag{4.1}$$

在本公式中，$б_{tw}$ 系数合理地反映出季节性的湿热标准情况。与此相关的是，依据这一标准系数可以对寒区各个地区统一进行区域划分，其中包括一些地区的冻结层上水形成和补给的地域性特征。图 4.1 显示了雅库特地区活动层冻结层上水（即季节性融化层水和冻结层季节滞水）形成和补给情况的区域划分状况。按照式 4.1 的 $б_{tw}$ 系数进行区域划分时，采用了雅库特地区内多个气象站和气象所多年相关数据的平均值。

图 4.1 从纬度带的整体角度论证了活动层冻结层上水形成和补给的湿热条件。在雅库特共和国的山区，受地形影响，$б_{tw}$ 系数会发生垂直变化，湿热条件对该地带的影响也发生着转变。由于这一参数采用了多年具有代表性的气象数据的平均值，所以在总结活动层冻结层上水形成和补给的区域性规律时，使用式（4.1）的参数 $б_{tw}$ 是完全有说服力和充分根据的。

上文已经简要地指出，当包气带由疏松的岩层构成时，寒区活动层冻结层上水补给主要依靠大气降水。然而，当包气带由卵砾石层、大块碎石层或其他高透水岩层构成时，活动层冻结层上水通常作为积极的中转环节，连通着大气降水与表层水或与深层地下水间的循环。在这些地段，冬季降水对活动层冻结层上水补给的作用十分明显。

因此，在冰岩带山区的平坦地带会有粗屑岩（石流、冰石等），在冬春交替时期，积雪依靠白天的太阳辐射开始融化，形成了积雪融水，其下渗到负温的包气带岩层，受冻结作用的影响凝聚成了表面坚硬的粗屑岩。辐射性冰融只在白天进行，因此在粗屑岩沉积层形成了秃冰和沉积冰，这些冰具有层理状。在这种情况下，粗屑岩沉积层间裂缝填冰的多少，取决于下渗到负温的包气带岩层的积雪融水量。第一种情况有利于促进粗屑岩沉积层中季节性冰融层水或者冻结层上层滞水的形成。

在分析现有数据的基础上，参考了本人（Шепелёв，1976a、1978、1981、1989、

1995a；Shepelev，1998）和其他人的研究成果，在接下来的内容中会一一指出），可以判断出大气降水对冻结层地下水的补给影响。当这些水在包气带形成时，直接补给水源的多少取决于依靠大气降水的季节性冻结岩层的含冰率（含水量）和岩石组成成分。暖季初期，在岩石的含冰率较大、透水层融化的条件下，冰岩带岩层上盘会形成冻结层上季节滞水。一般情况下，它是经由包气带入渗到地下的全部或部分大气降水。在季节性冻结岩层融化时，冻结层上层地下水会得到相应季节滞水的点状或面状补给，下渗到更深一层的含水层。在暖季接下来的几个月时间里，冻结层上层地下水的入渗补给则依靠寒区表层的大气降水。

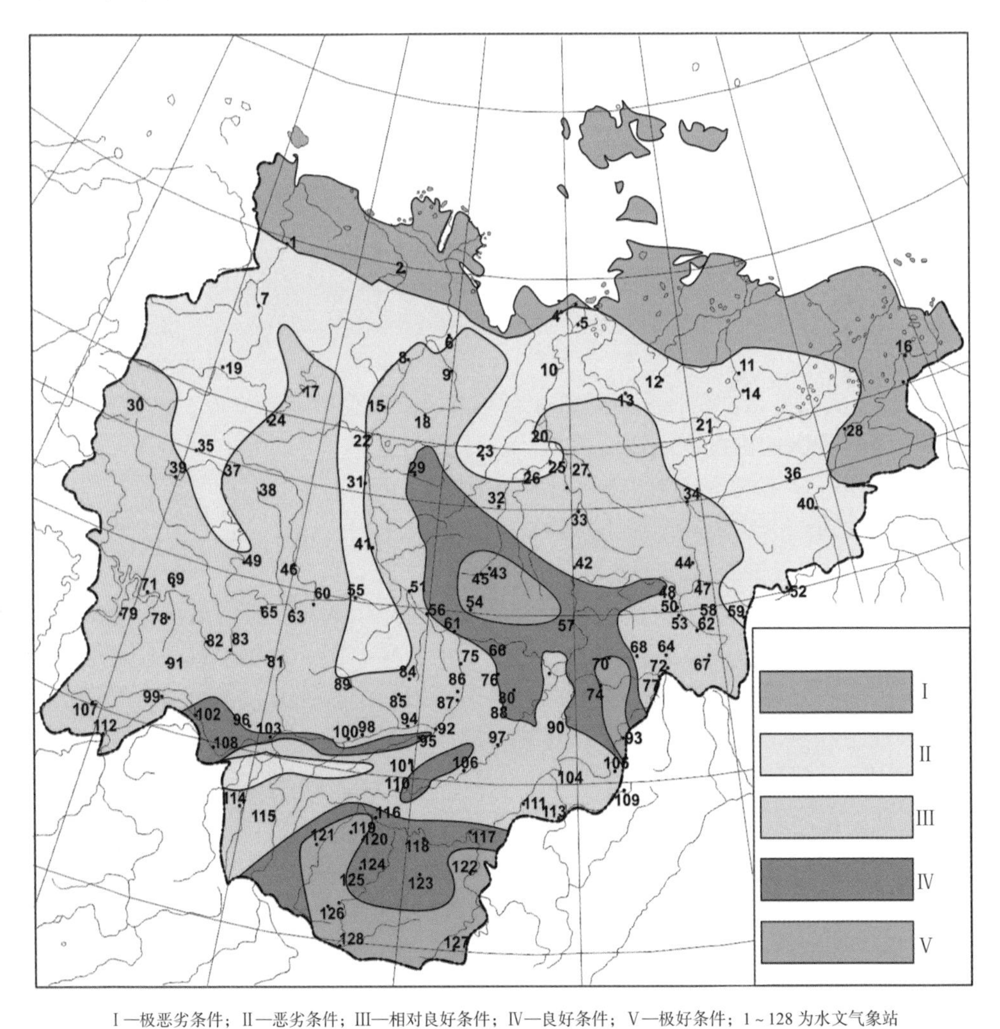

Ⅰ—极恶劣条件；Ⅱ—恶劣条件；Ⅲ—相对良好条件；Ⅳ—良好条件；Ⅴ—极好条件；1～128 为水文气象站

图 4.1　关于雅库特地区活动层的冻结层上水形成和补给的湿热条件区域划分图

一种情况是：季节性冻结岩层，当在融化期入渗补给水源量少，冰冻期含冰率也不足时，冻结层季节滞水将不会形成。此时，季节性冻结层作为冻结层上水补给水源调节器，其作用就会非常不明显。

另一种情况是：冻结层上水在富含水分的地下水区（河床以下融区水，湖床以下融区水，及其他类型融区水）形成，这时地表水的入渗补给起首要作用，大气降水入渗补给作用则退到了次要地位。

4.2 上部包气带的水汽凝结补给

许多科研工作者研究并论述了大气中水汽凝结对于地下水资源补给的过程。但由于这一过程极其复杂以及受多种因素影响，再加上其研究的理论也不完善，缺乏统一的观测方法，因而直到现在还不能准确地判断出冷凝作用对地下水补给的影响。

在常年冻结层分布地区，据利沃夫（1916）、科洛斯科夫（1930）、苏姆金（1937）、托尔斯季欣（1941）、什韦佐夫（1951、1975）、列伊纽克（1959）、克利莫奇金（1959、1975 a 、1975 6 ）、泽列诺夫斯基（1969）、奥别尔曼（1975）、布勒多维奇（1978）、阿法那先科（1978）、梅连季耶夫（1978）、帕佩尔诺夫（1980）、津琴科（1980）、扎莫希（1980）、布勒多维奇（1982）等专家研究证实，水蒸气的凝结对包气带岩层的影响比较明显。首先这是因为季节性和多年性冻结层的存在，在暖季时，他们的表层起着类似冷凝器的作用，因而可以冷凝包气带岩层循环过程中的水蒸气。暖季，在寒区活动层，除了地表和下部岩层间的温度梯度差明显外，大气昼夜温差也很大，这种条件有利于水蒸汽凝结。

早在 1951—1958 年间，学者列伊纽克在马加丹州对寒区活动层的的水汽凝结进行了实地详细观测，他们用各种的冷凝探测设备所获得的数据证明：水汽凝结过程对冻结层上水补给具有实质性影响（Рейнюк，1959）。在粗屑岩斜坡上安装的冷凝水测量器观测到了冷凝作用对冻结层上水补给量的最大值（暖季达到 80mm）。经过对观测结果的分析，列伊纽克得出一个结论：与平坦的地形相比，山地斜坡更有利于冷凝过程的进行。这是由于地面空气和山地空气之间的热对流抬升的原因。

后来，全苏科学研究所（位于俄罗斯城市马加丹）的工作人员也在楚科奇地区的冻土带上进行了勘测，获得了类似的关于水汽凝结对冻结层上水补给量影响的相关数据(Папернов и др.，1980)。根据他们的这些数据可知，在暖季的楚科奇河流域，随着区域性绝对标高的升高，冻结层上水冷凝补给量从 20mm（绝对标高 740 ~ 900m）增加到 80mm（绝对标高 900 ~ 1400m）。

克利莫奇金(1959、1975 a 、1975 6)在欧亚大陆北部地区对冷凝作用的过程进行了多年的研究。其科研活动的主要意义就在于在不同的地区运用同样的设备和统一的测量方法对包气带的水汽凝结量进行定量观测。表 4.2 列出了克利莫奇金的整体研究成果，它的数据证明了观察点的气候条件特征和冷凝强度之间有一定的相关性。

表 4.2　关于地下水的冷凝补给量

国家或地区	观察地点	观察时期	温暖季节冷凝平均量/(cm^3/m^3)	冷凝供给层/mm	冷凝供给模量/[$g/(s·km^2)$]
布里亚特	塔尔巴哈台	1956—1957 年	45	15 ~ 35	0.8 ~ 1.7
科拉半岛	阿拉雅尔湖阿巴季特市	1964—1967 年	25	5 ~ 20	0.2 ~ 1.0
列宁格勒州	诺沃谢利村	1972 年	22	6 ~ 15	0.3 ~ 0.8
雅库特	雅库茨克	1973 年	60	4 ~ 80	0.8 ~ 2.5

从表 4.2 可以看出，最大的冷凝强度值出现在雅库特地区，这里的年平均气温是所有观测点中最低的。按照气候寒冷程度，除雅库特之外，其次就是布里亚特共和国，随后是科拉半岛和列宁格勒州。如表 4.2 所示，这些地区的平均冷凝强度依次降低。

在 1974 年，作者本人曾亲自率领苏联科学院西伯利亚分院冻土学研究所的一支科考队对冷凝过程进行观测，这一科研活动在雅库特中部地区维柳伊河流域河口左岸风沙分布地段进行，使用了两台冷凝设备(Шепелёв，1980)。

两台设备使用了直径为 77mm 的聚乙烯管子作为冷凝水测量器。第一台设备（冷凝设备 1）的冷凝水测量器中装满了自然温度的风积沙。冷凝水测量器的长度为 1m，安装在植被和土壤层疏松的风积沙丘地带。通常，在类似的地区，暖季的大气降水全部蒸发。由于包气带近表层剖面风积沙十分干燥，甚至在大雨过后，也没有雨水下渗。基于这些原因，为了使冷凝水测量器中风积沙保持包气带自然的温度和湿度状态，在测量器上没有设置防雨设施。

第二个设备（冷凝设备 2）由六个长度为 2.5m 的冷凝水测量器组成，分别装满不同的填充物：1 号冲积细粒沙，2 号风积细粒沙，3 号粉末状沙粒，4 号亚黏土，5 号岩屑，6 号卵石。与冷凝设备 1 不同的是，这 6 个冷凝水测量器上安装了防雨的干湿表百叶箱。冷凝设备 2 的设计特征和尺寸和克利莫奇金使用的设备（图 4.2）完全一致。这些冷凝设备的整体观测结果见表 4.3，冷凝水层（Y_k, mm）表示为

$$Y_k = \frac{W_k \cdot 10^3}{F_k} \tag{4.2}$$

式中：W_k 为暖季冷凝水总量，m^3；F_k 为冷凝水测量器面积，m^2。

冷凝过程的强度大小用公式表示为

$$J_k = \frac{W_k p_k}{F_k t_k} \tag{4.3}$$

式中：P_k 为冷凝水的密度，kg/m^3；T_k 为冷凝期的持续时间，d。

表 4.3 所示，对比一下冷凝设备 1（冷凝水测量器长度为 1m，填充物为风积沙）和冷凝设备 2 中同样装满风积沙的 2 号冷凝水测量器（冷凝水测量器长度为 2.5m）的冷凝过程可以得出一个相近的数值。由此可以得出一个结论，包气带的水汽凝结过程基本上在地表以下 1~1.1m 的范围进行。

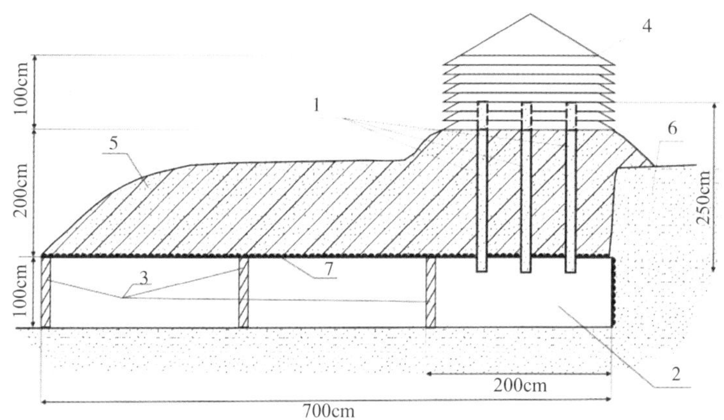

1—装满各种填充物的冷凝水测量器；2—观测冷凝水容量的凹槽；3—中部隔间门；4—干湿表百叶箱；5—非原生态的沙子；6—原生态的沙子；7—木制的支撑

图 4.2 冷凝设备示意图

表 4.3 关于冷凝设备 1 和冷凝设备 2 在暖季的冷凝作用基本指数表

冷凝设备和测量器		填充物	冷凝层 Y_K /mm	冷凝强度 J /[10^6kg/(m^2·s)]	冷凝水形成的平均速率 V_K/(mm/d)	冷凝补给（来自暖季大气降水）/%
设备 1		风积细粒沙	54	5.12	0.44	28.7
设备 2	1 号	冲积细粒沙	51	4.92	0.42	27.1
	2 号	风积细粒沙	56	5.44	0.46	29.8
	3 号	粉末状沙粒	25	2.43	0.20	13.3
	4 号	亚黏土	32	3.08	0.26	17.0
	5 号	岩屑	52	4.97	0.43	27.7
	6 号	卵石	50	4.86	0.41	26.6

通过对装满冲积细粒沙、风积细粒沙、岩屑和卵石的四个冷凝水测量器在冷凝过程所获得的相关数据对比，可以论证出：当包气带具有一定渗透性时，冷凝过程强度的大小与填充物孔隙度的大小无关。在观测过程中发现，无粉末细粒沙（风积细粒沙和水积细粒沙）的渗透性与初始数据相吻合。然而，在渗透性超过这一初始数据的岩层中，冷凝量却没有明显的增长。这是因为冷凝强度由外部环境决定（温度梯度差、岩层的湿度等）。

同时还须进一步指出的是，尽管四号测量器近地表的部分缝隙不断缩小，亚黏土的透气性和透水性不明显，但由于近地表微粒土壤缝隙此时处于低温状态，四号测量器反而测到了最大值。

包气带中水汽凝结入渗量十分不均匀，最大的日冷凝量出现在夏季相对低温的时期，最小值出现在炎热的时期（图 4.3）。

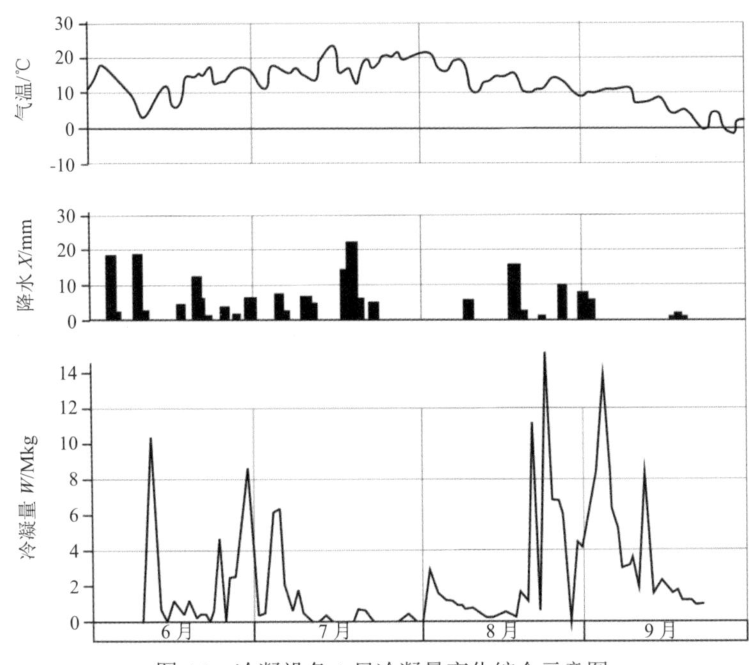

图 4.3　冷凝设备 1 日冷凝量变化综合示意图

之所以会出现这种情况是因为，水汽凝结的锋面状态并不是保持不变的，它取决于日平均气温。经观测证实，夏季冷凝锋的平均深度为 0.4 ~ 0.8m 之间。由于使用的冷凝水测量器比较大，来自于冷凝锋的冷凝水在万有引力影响下，顺着覆盖膜慢慢流淌。因而冷凝水到达冷凝水测量器的底部需要一定的时间。很明显，冷凝锋距地表面越近，冷凝水流淌所用时间就越长。

包气带地表和植被是粉粒土壤时，冷凝水对冻结层上水的补给量会明显下降。在雅库特中部地区，在被土壤层和松树林固结的风沙沉积地段，冷凝作用对冻结层上水的补给量明显减少。在暖季大约为 8 ~ 10mm（Шепелёв，1980）。

上述观测结果证明，从整体上来说，包气带中水汽凝结对冻结层上水的入渗补给是存在的，并发挥着独特的作用。但是，一些学者却认为，冷凝过程对冻结层上水的补给作用被过分夸大了。产生这个结论的原因在于他们使用了不完善的冷凝设备。因此，班采金娜和米哈尔洛夫(2009)在计算出近似热力平衡值的基础上对列伊纽克（1959）的实验数据进行分析时，得出了一个结论，那就是列伊纽克关于冷凝量的数据（80 ~ 100mm）是完全不现实的。他们认为，这样高的冷凝强度只能发生在永久冻结层融化的时候，正是基于这个理由，他们认为其他学者的观测结果是不符合事实的。在随后的内容里，关于这一结论的片面性我们会一一指出。包气带水汽凝结是散热的过程，也就是说，这一过程会释放大量的热能（2.5J/kg）。因此，当冷凝强度较大时，所释放的热量，可以引起下层季节性冻结层的融化。在一定条件下，半包气带中冻结层上部融区会形成季节滞水。根据俄罗斯科学院西伯利亚分院冻土学研究所在雅库特中部不同地区进行的实验观测结果可知，地下冷凝强度的最大值是在风积沙分布地段。也正是在类似这样的地区发现了半包气带冻结层上部融区，并且地下水水量丰富（Бойцов、Шепелёв，1976；Шепелёв，1980、1981、1987）。

以上论述了在多年冻土区中地下冷凝过程对地下水状态以及地下水资源形成的作用等内容，对相关问题还有进一步详细研究和论证的必要。

4.3 地表水入渗补给

众所周知，相对于地下水而言，水流和水体是裸露在地表表面的，不仅是地下水的入渗补给水水源，同时也起着排水的作用。当地表水水位超过地下水水平面时，地表水就成为地下水的入渗补给水源。在这种情况下，水流和水体的下面会形成一个散流的穹丘，成垂直面状，这也决定了对地下水入渗补给的程度和特点。当一年或连续几年水流和水体的水位超过地下水水位时，在河流水、湖泊水、水库水和其他地表水的影响下，地下水水域分布面积明显增加。当水流和水体的水平面仅仅周期性的（春汛、雨汛等）超过地下水水位时，地表水对地下水的影响只局限于相对狭小的沿岸地带。这个地带也被称之为地下径流调节区。

地表水对冻结层上水的补给具有一定的特殊性。作为下渗补给水源，地表水对于在各个不透水融区，或者半包气带类型（河床下水、湖床下水等）的冻结层上水补给具有最重要的影响。但是前提条件是：地表水能参与对各个不透水融区冻结层上水的补给。有时季节融化层水和冻结层上层滞水一部分来自于地表水下渗。

一般情况下，依靠地表水补给的冻结层上水水体面积的大小，要受到河渠床面或相应水体水域状况的制约。水体水域的变化不仅对冻结层上水的补给和排泄有影响，也同时对地表径流发挥着独特的沿岸调节作用。一般把这种调节称之为冻结层沿岸调节，其具有季节性和多年性。

沿岸调节之所以具有季节性是因为：冬季时期水体和河流水量减少。在冬季地表水水位下降时，顺着河床和沿岸水体的干涸地段会形成季节性冻结层。在下一年春夏季节，地表水水面上升，冻结的“隔水板”会没入水下。由于沿岸季节性冻结层经常处于冰冻状态，所以在一定程度上会阻碍地表水对冻结层上水的入渗补给。

当冻结的“隔水板”在汛期融化时，冻结层上层季节滞水会得到一定的地表水入渗补给。而在下一年的夏季，地表水水位下降时，冻结层上层季节滞水会流向对应的水流或水体，以补充它们的水源。在这种情形下，冻结层上层滞水就像是在对地表水和冻结层上水水资源进行重新分配。

在冻土区水体沿岸地带，地下水和冻结层上水补给下渗水源的调节具有常年性。这是与当地气候湿度持续变化，河床迁移，两岸受侵蚀程度和其他过程息息相关。比如，在地表水常年低水位的情况下，顺着水流和水体的沿岸枯水区会形成新的多年冻结层。在大中河流的河谷中，新冻结层不仅仅形成在沿岸河滩地带，也同时会在河床的“小岛”上形成，这些“小岛”是由于常年河川径流水位普遍较低而凸出水面的，如图 4.4 所示。在汛期，活动层地表水水位升高，这时，一定时间内冻结的“隔水板”和“小岛”就会被淹没。因此，在类似的洪水淹没区，季节性融化层水不仅仅依赖于大气降水入渗，也要依靠地表水补给。

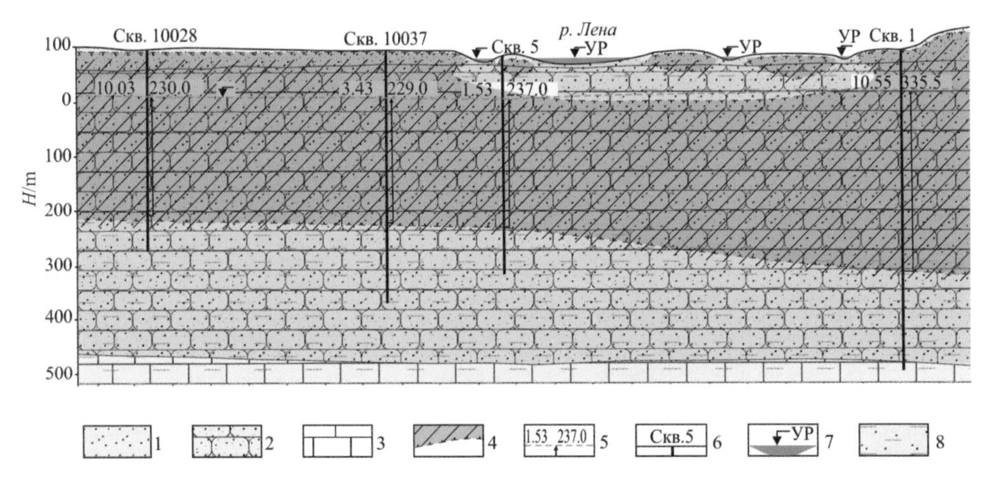

1—砂沉积层；2—砂岩；3—碳质岩层；4—多年冻结层及其分布范围；5—冻结层下水水压（a—水压绝对标高；b—静水水压值）；6—裂隙及大小；7—勒拿河河床及其地表水水位状况（地表水水位）；8—水流挟沙沉积

图 4.4　雅库茨克地区勒拿河河谷冻土区-水文状况剖面图

在河床和湖床以下的不透水融区沿岸地带，会形成多年冻结的“隔水板”，再加上在一些河道上形成多年冻结的“小岛”。它们起到减少地表水入渗消耗量和缩小渗漏面积的作用，从而使地表水水资源和水容量逐渐增加。由此可以看出，岩层的冻结过程对冻结层上水入渗补给，以及对水体和水流的水文调节影响具有常年性。

关于岩层的季节性、常年性冻结和融化过程，对地表水水文状况和下渗消耗量的影响。我们在雅尔库茨克城附近的勒拿河阶地的各湖泊间对此进行了细致的实地考察。在勒拿河沿岸地带，湖泊间水循环频繁。在阶地（图 4.5）的一些砂沉积层的地段，还保存着全新世时期后残留的含水融区。这个含水融区的深度大约为20～50m，位于更新世时期多年冻结层的下部。在湖泊集水区，全新世时期的多年冻结层也在含水融区上部覆盖了厚厚的一层，这也意味着，含水融区具有冻结层间的岩层的特点。在这类水域的融区地下水具有低温静压水的特点，水层厚度大约为10～15m。在湖盆大部分的水域，含水融区具有冻结层上水的特征，没有低温水压。地球物理勘探和钻探结果表明：在复杂的冻结层上部-冻结层间水融区的个别地段，这种情况非常明显（Мельников、Анисимива，1976）。冻结层上-冻结层间水是以不间歇泉（乌拉尔-泰伦泉、苏拉尔泉、叶流泉、穆斯塔-泰伦泉等）的形式进行排泄，出水量大约为30～200L/d（Ефимов，1952；Пигузова、Шепелёв，1972；Источники…，1973；Шепелёв，1978、1981、1987；Шепелёв、Ломовцева，1981）。通过对地下水潜蚀涌流量的观测可判断出，泉水活动开始于4000～3700年前，这也就是说，它属于全新世气候变暖时期（Шепелёв，1972б、1987）。

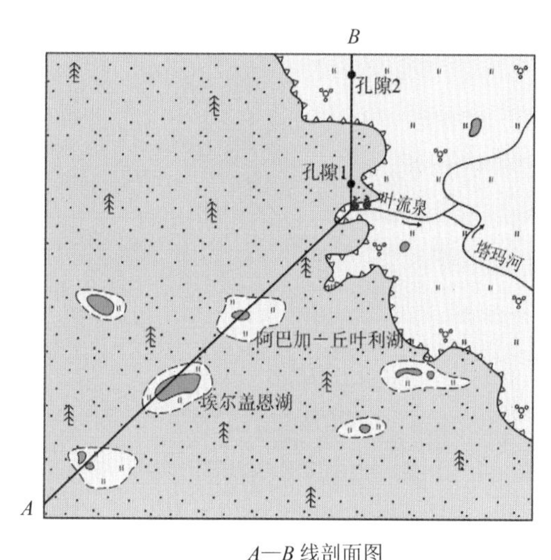

A—*B*线剖面图

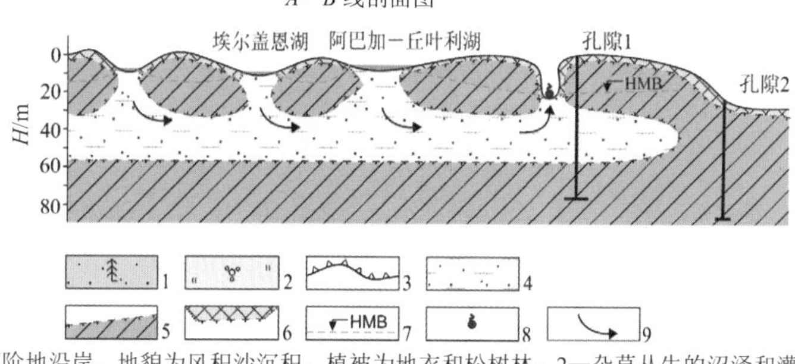

1—勒拿河阶地沿岸，地貌为风积沙沉积，植被为地衣和松树林；2—杂草丛生的沼泽和灌木丛地段；3—阶地的边缘；4—水流挟沙沉积；5—多年冻结层及分布范围；6—冻结层季节性融化层；7—冻结层上-冻结层间水水位；8—泉水；9—地下水水流方向

图4.5　在叶流泉水域（雅库特中部地区）勒拿河阶地的冻结层上-冻结层间水排泄地段示意图

大多数时候，融区水绝对标高都低于湖泊水水位，因此后者是前者地下水入渗补给的来源。在这一过程中，湖泊水的下渗补给量是根据湖床以下融区的面积和湖底的淤泥沉积量来确定的。在多年干旱期，湖泊水域面积缩小，便会使湖泊沿岸的融区表层冻结，其结果便是形成了多年冻结的“隔水板”。由于“隔水板”的阻碍，湖泊水对融区水层的下渗补给量会逐渐减少。这就使得湖泊水水资源收入大于支出，进而达到水平衡。由此可以看出，有时尽管在持续的多年干旱期，湖泊水位也有可能上升，淹没多年冻结的“隔水板”。随着湖泊水域和水量逐渐增加到一定程度，以及被淹没的多年冻结层“隔水板”的消失，使湖泊对融区地下水的入渗消耗量加大，从而水域面积和水量又开始缩小。

类似的这种湖泊水位状况变化过程，需要以沿岸多年冻结层对湖泊水入渗消耗的调节为前提条件，并伴随着复杂的气候变化，以及相应的流入湖泊集水区的季节融化层冻结层上水变化。因此，在湖泊面积缩小，沿岸地带形成多年冻结“隔水板”的情况下，季节性融化层冻结层上水对湖泊水区补给量也会大大减少。之所以会发生这种情况，是因为补给湖盆的季节性融化层水，不是直接流入湖泊的，而是大部分滞留在沿岸地带，这种条件有利于各种草类和灌木植被的生长，同时这些地带会逐渐沼泽化。随着湖泊水位的上升，沿岸地势低洼的地带被淹没，受水平衡循环的影响，季节融化区的冻结层上水转出为入，水量增加。

对于地表水下渗补给的消耗量，可以运用水平衡的方法或流体动力学知识进行推算。其中，运用水平衡方法进行研究分析湖泊水的入渗补给量时，用式 4.4 进行计算：

$$Q_{下渗}=\frac{(X-Z\pm\Delta h+W_g)}{t_p\times10^3} \tag{4.4}$$

式中：$Q_{渗}$为湖泊水下渗量，m^2/d；Z 为计算期内湖泊降水量和蒸发量，mm；Δh 为计算期内湖泊水位变化，m；$F_{湖}$为湖泊水域面积，m^2；W_g 为湖泊集水区活动层冻结层上水排泄，mm；t_p 为计算期间。

运用流体动力学方法计算湖泊水入渗消耗量时，用式（4.5）进行：

$$Q_{下渗}=\frac{k_{渗}F_{湖}\Delta H_{平均}\mu *}{r} \tag{4.5}$$

式中：$k_{渗}$为融区顶部湖床以下沉积层平均渗透系数，m^3/d；$\Delta H_{平均}$为计算期内湖泊水高于地下水水位的平均高度，m；μ^*为承压-无压含水融区重力作用下弹性出水率；r 为换算的融区半径，m。

根据式（4.4）和式（4.5）在对融区地下水进行相关研究活动的地区，分别对湖泊的入渗补给量进行了计算，其结果为 $4m^3/d$ 到 600 m^3/d。所有湖泊的入渗支出总量为 $800m^3/d$，也就是说占叶流泉泉水总水量的 20%以上(Шепелёв，1978；Ломовцева，1981)。

研究事实证明了地表水和冻结层上水之间关系的复杂性，以及在这个复杂的过程中，季节性、多年性冻结层和融化层所起的主导作用。总体来说，可以得出这样一个结论：大多数情况下，水流和水体对于季节性融化层冻结层上水和滞水起着排水的作用；而对于冻结层以上地下水而言，起着下渗补给作用。这就是地表水对不同类型的冻结层上水水资源和水体状况的不同作用的表现，对这种现象的观测，有一个前提，就是这些不同类型的冻结层上水属于同一水体集水区（见图 3.2）。这种情况说明，在对冻结层上水水资源量进行评估时，必须区别对待，将水流与水体的排泄作用和作为地下水下渗补给水源的作用区分开。

4.4 其他自然因素对冻结层上水补给的影响

对冻结层上水的补给，除了大气降水入渗补给、包气带水汽凝结、地表水入渗以外，还会受其他自然因素的影响。这些自然因素对冻结层上水的形态和水资源状况具有局部性的影响，并且可能会影响其水源发源地。在这些因素中，最为重要的是冻结层间-冻结层下承压水对冻结层上部含水层的补给。在一些地区和区域，由于整体上受冻土和水文状况，地质构造、地壳结构等其他自然条件的影响，这些承压水有机会参与到冻结层上水的补给。

在地壳活跃的地区，冻结层间-冻结层下水对冻结层上水的补给最经常发生，同时这也是冻结层间-冻结层下水的排泄区。图 4.6 为冻结层间-冻结层下水对冻结层上部地下水的补给状况示意图，其中冻结层上水位于河床谷底下部。冻结层间-冻结层下水沿着横穿地壳构造断口的河谷进行排泄。一般情况下，冻结层间-冻结层下水并不能直接流入河谷中，而是首先排泄到该河谷的地下水融区，由此在冻结层上部形成了地下水流体动力回水区，致使冻结层上部地下水流入河道。从而在这一地段的河流入水量增加。正是由于这种情况，常常很难运用水质化学方法来确定冻结层间-冻结层下水排泄量。因为在这样的地段河水的化学成分不会发生变化。

河床的断面或高于或低于排泄水的发源地。在沿着这些断面进行实地水文观测的基础上，能够计算出冻结层下水对河谷地下水的补给量占其水循环排泄总量的比值。可以使用著名的河床水平衡公式对补给量进行计算：

$$Q_{补}=Q_{高}-Q_{低}-\Sigma Q_{侧流量} \tag{4.6}$$

式中：$Q_{补}$为冻结层间-冻结层下水对上水的补给量，m^3/d；$Q_{高}$、$Q_{低}$分别为河水高低断面的河水支出量；$\Sigma Q_{测流}$为断面之间侧流对河渠的供给总量。

当冻结层上部季节性融化层水流位于冻结层间层-下层测流断面的集水区时，可以使用式（4.6），对补给量进行整体计算。除此之外，位于断面之间的河床下沉积层透水性和厚度可能发生变化。在这些变化的影响下，河川径流量减少，或是与此相反，河川径流量增加。然而这种变化与冻结层间-冻结层下水水流无关。

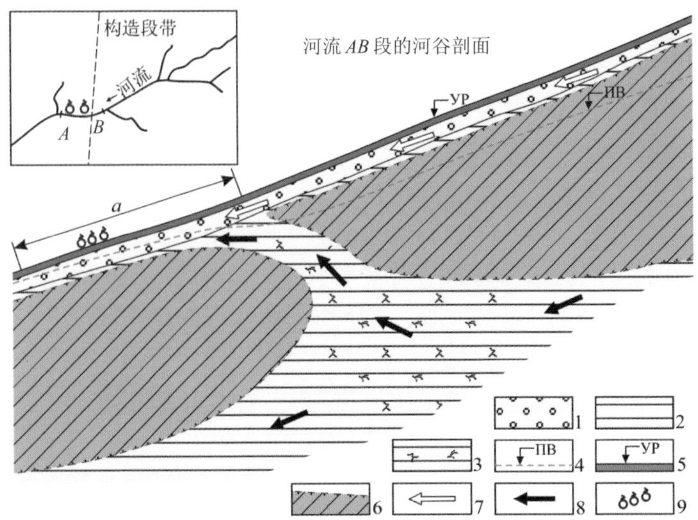

1—融区含水卵砾沉积层；2—融区含水原生岩层；3—淹没带（由于地壳破坏，致使原生岩裂隙度增大，地下水排泄形成的）；4—冻结层下水水压面；5—河流水位；6—多年冻结层及其分布范围；7—河床下融区冻结层上水运动方向；8—冻结层间-冻结层下水的运动方向；9—河床水下泉眼-冻结层以上河床下部水流流体动力回流区

图 4.6　关于冻结层间-冻结层下水对冻结层上部地下水的补给状况示意图

这样一来，想要精确地计算出深层水循环的冻结层下水在冻结层上层地下水补给中所占的比例是极其困难的。所以，只有对冻土地质学、地质结构及其他自然条件进行全面分析，才能得出高质量的评估。

因此，我们可以通过季节性湿热情况来确定季节性融化层和冻结层上层滞水的下渗补给量。这些湿热状况反映了一年内近地面大气温度和湿度间的相互关系和动态。地表水在冻结层上层地下水补给中起了重要的作用（除了活动层冻结层上水的下渗外）。地表水对水下融区所形成的冻结层上层地下水的下渗补给有着极大的影响（河床下水、湖床下水等）。在这种情况下，冻结层上层地下水的补给面积受河道垂直面积或相应水体的水域面积限制。当河道垂直面积和水域面积发生改变时，在岸边冻土区可以观测出，冻结层上层地下水的下渗补给量也在发生相应的变化。这种变化具有季节性和常年性。

第 5 章　天然条件下冻结层上水的水文情势

5.1　冻结层上包气带水分运移特点

岩层包气带，通常理解为位于地表与地下水之间岩层圈最顶部的地带（С 地带（下水之…，1961）。该层基本特点是：在大部分时间内，岩层的裂隙和孔隙中充满了水分和空气，它们不断的和大气进行能量交换。包气带中的液相水可能以结合水的形式存在（吸附水和薄膜水），也可能以饱和岩层毛细水的形式存在，在包气带中形成临时的重力地下水（上层滞水或季节水）。

包气带中的水以两种相位状态存在（气态和液态），各状态都和岩层表面（吸附水、薄膜水、毛细水、自由水）相互联系，包气带位于岩石圈和大气圈两大地圈的交界处，这就使其内部水分的存储、运移和消耗机理极其复杂。

在多年冻结层的分布区域，由于包气带中出现固相水，且冰-水-水蒸气相位间的变化不但在单独岩层中进行，还会在大部分岩层中进行，这就使得该机理变得更加复杂。

必须指出的是，直到现在，研究学者们对多年冻结层的包气带的定义和界限没有达成一致。有的人认为，包气带就是岩层季节性融化层；有的人认为，包气带只是季节性融化层的一部分；还有的人认为，不仅季节性融化层属于包气带，所有的多年冻结层或部分多年冻结层都属于包气带（Ефимов、Колдышева，1971、1975；Соловьева，1975；Оберман，1980；Какунов，1982a）。

在苏联地区包气带分布地图（1:5000000）中(Карта…，1983)，对多年冻结层分布区内包气带的相关问题进行了详细的研究。А.И.叶菲莫夫、Р.Я.科尔德舍娃在一部描述该图编制方法的著作中，指出：在多年冻结层的分布区域，位于地表和自由水面含水层之间的包气带岩层中，入渗水与包含在裂隙和空隙中的气体有关。之后，他们具体阐释了这一概念，如包气带岩层：①长期地或暂时地存在于冻结层上水的自由水面上；②存在于地下水的自由水面上（包括冻结层上- 间水）在闭合融区与透水融区的形成地带上（Ефимов、Колдышева，1975，с.133）。

在这类观点的基础上，依据冻土和地貌条件，研究者们提出了包气带的分类（图 5.1）。在图 5.1 指出了在活动层和多年冻结层融合时包气带下部的岩层夏季发生融化的深度（如图 5.1 中所示）或者季节融化层水水位状况，如图 5.1 中（σ）、（в）、（б）所示。在这些条件下，季节性冻结层不视为包气带的组成部分，因为包气带只有在夏季下才会形成，冬季就会消失。

当活动层与多年冻结层不融合，或者后者不存在的情况下，包气带下部边界或是冻结层上地下水水位的反映如图 5.1 中（ж）、（з）所示，或者是地下水蕴藏的深度的反映如图 5.1（u）、（k）所示。因此，这种情况与前面不同，季节性冻结层被视为包气带的组成部分。

在前文提到的地图中还反映了包气带边界的其他情况（Карта…, 1983）。例如，划分了冬季时冻结的包气带区和不冻结的包气带区。Г.В.索洛维耶娃在描述编制地图的原则时，指出：冬季时，在冻结的包气带区，当活动层冻土和多年冻结层顶部交合时，包气带将不再存在(Соловьева，1975，c.104)。她认为，冬季时，不冻结的包气带区会暂时和冬季冻结层的大气层分开(Соловьева，1975，c.104)。

这样，依据编制地图的原则，在冻结的包气带区，活动层与多年冻结层交合时，冬季冻结层不作为包气带的组成部分。在不冻结的包气带区，当活动层和多年冻结层顶部分开或者多年冻结层消失时，冬季冻结层可理解为是包气带上的临界不透水面（区别于 A.И.叶菲莫夫.和.P.Я.科尔德舍娃的定义）。

对多年冻结层分布区包气带的边界定义模糊，主要是背离了包气带概念造成的结果。如上文所述，地质剖面的近地表部分通常属于包气带，在包气带边界处，岩层中的孔隙气体会和大气圈进行交换。因此，无论它处于冻结还是解冻状态，地表状态都对其上边界产生影响。

包气带的下部边界或是长期存在的饱和岩层，或是整个冰饱和岩层。在第一种情况下，距稳定的含水层表面的第一个水平面成为了包气带的下边界，其中也包括冻结层上地下水的水平面。在第二种情况下，如果剖面图上没有长期存在的冻结层上地下水，有理由认为冰饱和的多年冻结层顶部埋藏深度就是包气带下边界。类似的情况还可以在下述两种情况中观察到：一种是活动层与饱和冰的多年冻结层顶部交汇时；另一种是多年冻结层与含冰的活动层分离时。

舍佩廖夫在其著作中（Шепелёв，1996в），更加详实地叙述了多年冻结层分布区内包气带的界线，详情见图 5.2。当活动层和多年冻结层交汇时，包气带就是该层的厚度（如图 5.2 中 1、2、9 ~ 11 所示）。只有当埋藏深度低于冻结层时，包气带厚度才会更大（如图 5.2 中 6、14 所示）。因此，冬季时，包气带并不消失，而是在和季节冻层联系中转化成另一种状态。在包气带中形成的地下冰会降低岩层的渗透性，使水的入渗变得困难，然而却不影响该层水汽和大气的交换。除此之外，根据各年的权威著作中所记载的结果，一些松散岩类在发生冻结后，其渗透性不但没有减小，甚至还会增加（Гапеев，1956；Шумский，1957；Пчелинцев，1964；Ананян и др.，1972；Лебеденко，1987；Ермов и др.，1988；Яницкий，1989；Chamberlain、Gow，1979）。例如，在很多著作中都指出，冻结后的黏土渗透性增加了 5 ~ 140 倍。首先，这与冻结层中低温裂纹和微裂纹的形成有关，还与在冻结过程中孔隙度的增加有关。孔隙度增大是由于粉状微粒凝结成各种形状的粉粒团和结构个体。

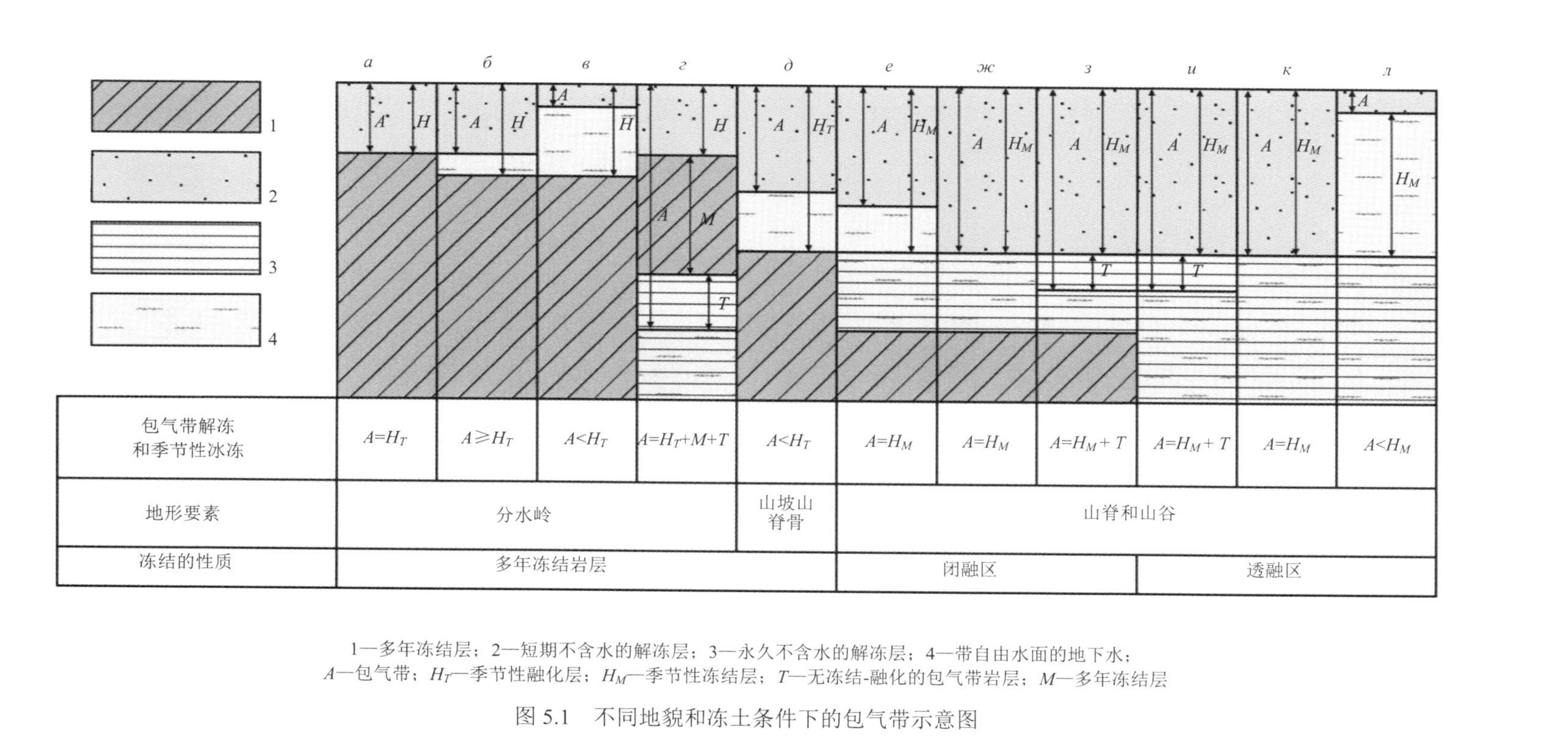

1—多年冻结层；2—短期不含水的解冻层；3—永久不含水的解冻层；4—带自由水面的地下水；
A—包气带；H_T—季节性融化层；H_M—季节性冻结层；T—无冻结-融化的包气带岩层；M—多年冻结层

图 5.1　不同地貌和冻土条件下的包气带示意图

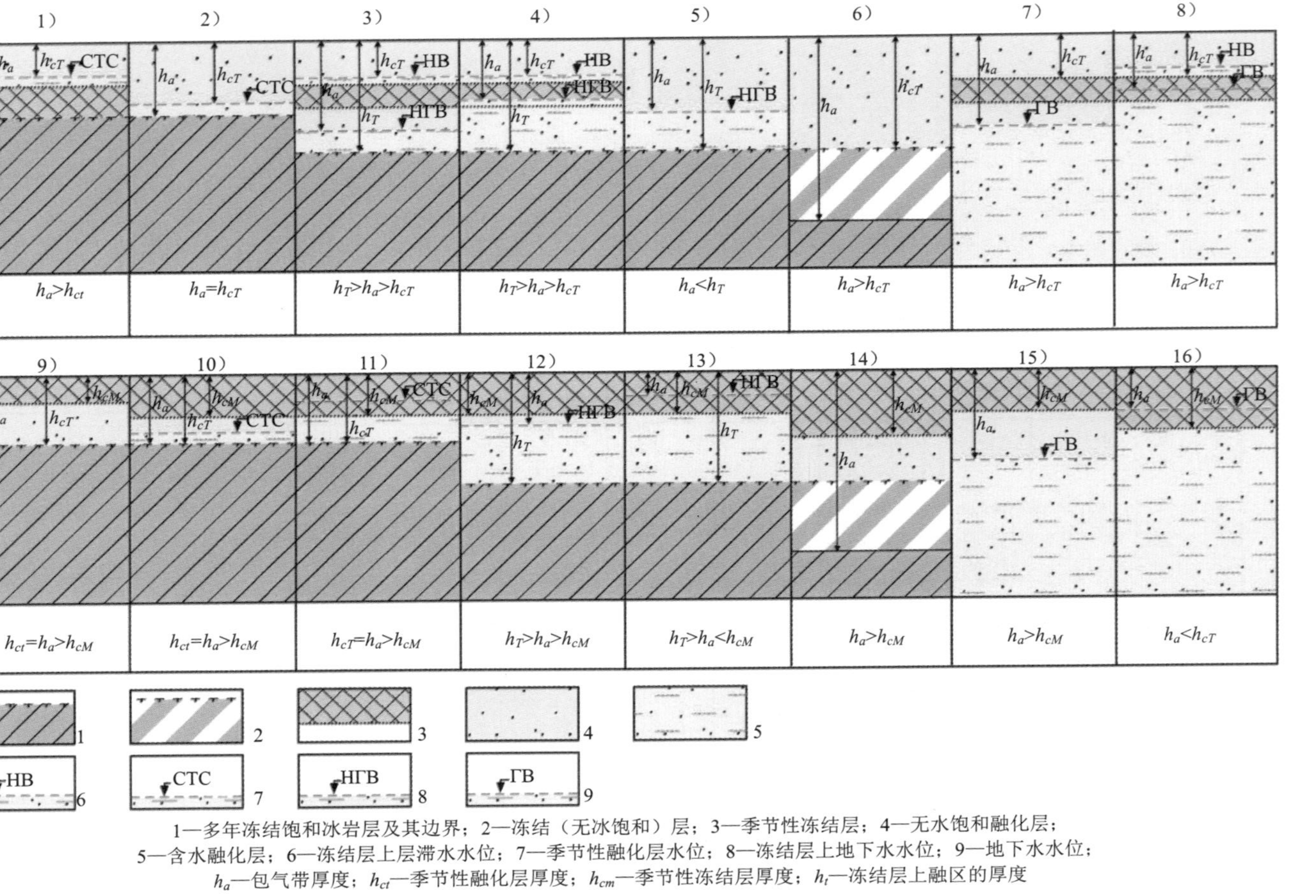

1—多年冻结饱和冰岩层及其边界；2—冻结（无冰饱和）层；3—季节性冻结层；4—无水饱和融化层；5—含水融化层；6—冻结层上层滞水水位；7—季节性融化层水位；8—冻结层上地下水水位；9—地下水水位；h_a—包气带厚度；h_{ct}—季节性融化层厚度；h_{cm}—季节性冻结层厚度；h_t—冻结层上融区的厚度

图 5.2　冻结层包气带边界状况示意图

在夏季形成的季节性融化层水，依据埋藏条件，划归为多年冻结层分布区的包气带地下水的范围。必须指出的是，评估季节性融化层的冻结层上水埋藏条件的方法，目前只在教学文献中论述过。例如，在莫斯科大学的B.M.舍斯塔科夫和M.C.奥尔洛夫 1984 年编写的教材《水文地质学》中，季节性融化层的冻结层上水被视为特殊的包气带地下水范畴（Гидрогеология，1984）。

如果季节性冻结层不与多年冻结层交汇，或者多年冻结层不存在时，包气带的下边界由具体的水文地质状况决定。因此，受稳定存在的冻结层上地下水的埋藏深度或地下含水层本身的影响，包气带或者会完全包含季节性冻结层（图 5.2 中趋势 3、7、12、15），或者只包含它的一部分（图 5.2 中趋势 4、8、1、16），或者在某一时期，完全不含这层（图 5.2 中趋势 5、6）。同时，也应该把这种条件下形成的冻结层上层滞水列入包气带地下水的范围内。因为它在包气带内临时形成，而后在季节性冻结层完全融化后消失。

在活动层与多年冻结层交汇的观测区域，包气带的下边界由冻土条件决定。因此，当冻结层剖面较深时，包气带厚度或与活动层厚度一致，或超过活动层厚度。在季节性冻结层与多年冻结层不交汇区域，当多年冻结层不存在时，包气带下边界由水文地质条件决定。这种情况下，包气带厚度与稳定的冻结层上水或地下水埋藏深度一致。

我们在上文有关多年冻结层分布区内包气带边界的见解的基础上，根据水分转移过程在冻结层上水的水位和水化学动态状况的形成过程，以及水资源条件与地表水和近地面空气相互作用中发挥的特殊作用，总结了包气带水分运移的特征。

如上所述，包气带上边界通常与地面水平线一致，而下边界可以从几厘米延伸到 3 ~ 4m 深，甚至更深。可见，包气带包含较薄的，联系大气和岩层圈的接触层。正是这种状况确定了影响包气带中水分转移强度和方向的两个因素。

第一个因素与大气层近地面空气的水分不饱和有关。然而，深达 0.1 ~ 0.3m 的包气带岩层中的孔隙气体通常是充满水分的。因此，由于大气水汽饱和湿度差，包气带在全年的任何昼夜，水汽都会蒸发到大气中。针对这种情况，A.A.罗德写道："可以这样说，水汽不饱和大气层似乎具有某种能量，它可以从土壤中吸取水汽（Роде，1965，c.379）。应当注意，大气的这种吸入力，实际上会引起水汽蒸发和土壤干旱。而且，大气层可以无限地从包气带中吸收水汽。

可见，大气吸入力的大小由近地面的水汽饱和湿度差决定（ΔE_d）。该参数的大小可由已知的公式得出：

$$\Delta E_d = p_s - p_u \tag{5.1}$$

式中：p_s 为饱和水汽压，Pa；p_u 为近地面空气的水汽分压，Pa。

水汽透过包气带的蒸发强度可以用以下公式表达：

$$J_{d\omega}=\frac{D_{fn}\gamma_{ck}}{P_a}\quad\nabla E_d \tag{5.2}$$

式中：$J_{d\omega}$为透过包气带孔隙气体介质的水汽的浓度扩散强度，kg/(m^2/s)；D_{fn}为水汽的浓度扩散系数，m^2/s；R_{ck}为土壤骨骼的质量，kg/m^3；P_a为大气压，Pa；∇E_d为在厚度为z的包气带岩层-孔隙气体介质中，水汽压梯度。

在式（5.2）中，水汽的浓度扩散系数受包气带孔隙度和水分含量的影响。

$$D_{fn}=(n-\omega_e)D_0 \tag{5.3}$$

式中：n为岩层平均孔隙度，g.e.；ω_e为包气带岩层平均含水率；D_0为水汽在大气中的分子扩散系数，它受温度影响较小，平均约为$0.22\times10^{-4}\,\mathrm{m^2/s}$；

这样，式（5.2）可以转换为

$$J_{d\omega}=\frac{(n-\omega_e)D_0\gamma_{ck}}{P_a}\nabla E_d \tag{5.4}$$

由于包气带厚度较小，且与大气层联系较多，包气带岩层中的气压一般和大气压力差别甚微。因此，在式（5.4）中，P_a的大小反映了岩层的渗汽性受气压条件影响。在同等条件下，当大气压降低时，包气带岩层的透气性将增加。

引起包气带水汽运移下渗的第二个因素是热梯度差。它由近地面与包气带岩层孔隙气体的温度差决定，会引起水流和水汽的上升或下降。在一年中的暖季，当近地面气温超过包气带下边界岩层的温度时，水流将会下降。众所周知，当两股对流的夹杂水汽且温度不同的潮湿空气移动时，水蒸气会发生冷凝。而且，当气流中的水汽发生冷凝时，气流的温度会更高(Гуральник и др.,1982; Оке,1982)。据观测，由热梯度因素引起的、下降的湿气流温度升高时，湿气流所运输水汽将会发生冷凝。在这种情况下，当下降气流中的水汽运输强度超过对流气流的水分运输强度时，水蒸气的冷凝量大于蒸发量。反之，如果下降气流的强度小于上升的等温气流，那么蒸发量大于冷凝量。

在冬季，湿气流借助热梯度因素，从包气带流入大气圈，即由于空气湿度梯度差，引起了气流外泄。通常情况下，我们可以观察到这类情况，特别是在暖季的夜间尤为明显。可见，在这种条件下，气流不会发生移动。然而，当水汽流进入到包气带上部的低温环境时，由于较暖的上升水汽流遇冷，水汽接近于过饱和状态，随后发生冷凝。在这种情况下，冷凝或凝华过程的强度主要由包气带上部岩层的渗透性决定。如果岩层渗透性较高，上升的水汽流将很快直达近地大气层；如果岩层渗透率不高，那么大多数水汽将或在包气带上部冷凝，或直接转成冰。

在计算第一类强度时应该考虑，在热梯度因素的影响下，岩层中产生的上升的等温水汽流，以及毛细-孔隙环境中水汽转移的气压情况的普遍特性[式（5.2）、式（5.4）]。因此，公式为

$$J_{td} = \frac{(n-\omega_e)D_0\gamma_{ck}}{P_a}\nabla P_t \tag{5.5}$$

式中：J_{td} 为包气带岩层的潮湿孔隙空气中，水汽渗透热扩散强度，kt/(m^2/s)；∇P_t 为压力梯度（由近地表的大气层和包气带厚度 z 的温度差引起）。

假设水汽是理想气体，∇P_t 的大小可以用下面的公式表示：

$$\nabla P_t = \frac{R}{\mu}\cdot\frac{\rho_0 T_0 - \rho_z T_z}{z} \tag{5.6}$$

式中：R 为通用的气体常数，等于 $8.314g^{2n}/(k\cdot\mu)$，μ为单个水分子质量，等于 0.018kg/mol；ρ_0 为饱和水汽密度；T_0 为 ρ_0 对应近地面大气温度，℃；ρ_z 为饱和水汽密度；T_z 为 ρ_z 对应深度为 z 的岩层温度，℃。

水汽运输强度的合成数值，依据已知过程的两种主要组成的差异来确定：

$$J_n = J_{dw} - J_{td} \tag{5.7}$$

或

$$J_n = \frac{(n-\omega_e)D_0\gamma_{ck}}{P_a}\left(\frac{\Delta E_d - \Delta P_t}{z}\right) \tag{5.8}$$

式（5.8）中表示气态水流强度，可以用渗透公式表达：

$$\frac{(n-\omega_e)D_0\gamma_{ck}}{P_a} = \frac{(n-\omega_e)K_n}{V_{Bn}} \tag{5.9}$$

式中：K_n 为包气带孔隙气体介质的渗透系数；V_{Bn} 为水汽的黏度比率，m^2/s；那么，合成水流为

$$J_n = \frac{(n-\omega_e)D_0\gamma_{ck}}{V_{Bn}}\left(\frac{\Delta E_d - \Delta P_t}{z}\right) \tag{5.10}$$

假定 $\Delta E_d - \Delta P_t = \Delta P_{\omega t}$，得

$$J_n = \frac{(n-\omega_e)K_n}{V_{Bn}}\nabla P_{\omega t} \tag{5.11}$$

夏季，包气带中水汽运输主要受ΔE_d和ΔP_t的相互关系影响。由于在多年冻结层分布区，包气带下边界温度相对较低，平均昼夜大小在夏季最暖月份（6—8 月）通常会超过大气温度差值。因此，夏季，在多年冻结层分布区，气态合成水流具有明显的下降特性。由于，在绝大部分的包气带表层，孔隙气体处于完全饱和状态，它无法从大气中吸收更多的水汽。在这种情况下，在水汽冷凝过程中，孔隙气体起着独特的“吸收器”的作用,正如前文中提到的（Шепелёв，1980）。这是因为水汽密度和液态凝结密度的差异较大，后者的密度比前者大约高出 1300 倍。所以，水汽冷凝时，会形成固定的压力差，绝对大小相等（$\Delta E_d - \Delta P_t$）。夏季，包气带水汽运输强度应该主要由冷凝过程强度决定。

凝固水在重力作用下缓慢地流向包气带下边界，补充了冻结层上水水资源或地下水资源。在这种情况下，冷凝强度相当于重力作用下薄膜水流的强度 $\nabla P_{gr}\cdot T\cdot e$。

$$J_n = J_k - J_{gr} \tag{5.12}$$

通过与式（5.12）进行类比，薄膜水重力运动强度的计算公式为

$$J_n = \frac{(\omega_e - \omega_{mg})K_n}{\upsilon_B}\nabla P_{gr} \tag{5.13}$$

式中：ω_{mg} 为湿度，相当于包气带层最大含水量，g.e；∇P_{gr} 为重力压力梯度，Pa；υ_B 为水的黏度比率，m^2/s。

如果重力压力值可以用等价的水柱压力值表示，那么，重力压力值就等于包气带中水汽冷凝形成的含水层的水柱压力值。因此式（5.13）为

$$J_{gr} = \frac{(\omega_e - \omega_{mg})K_n\rho Bg\times 10^{-3}}{\upsilon_B}\nabla Y_k \tag{5.14}$$

式中：ρ_B 为凝固水汽密度，kg/m^3；g 为自由落体加速度，m/s^2。

通过式（5.14）可以由渗透率得出渗透系数。利用著名的表达式：

$$K_n = \frac{K_\phi v_B}{g} \tag{5.15}$$

那么，式（5.14）可以转化为

$$J_{gr} = (\omega_e - \omega_{mg})K_n\rho_B g\times 10^{-3}\nabla Y_k \tag{5.16}$$

式中：K_ϕ 为包气带岩层渗透系数，m/s。

在包气带垂直剖面图 5.3 中，当冷凝量超过蒸发量时，可分为两个区域：气态水流入区和凝固水泄流区。它们的分水点位于冷凝面上边界。由于夏季发生融化，且包气带岩石温度升高，在图 5.3 中可以观察到，冷凝面上边界持续向下位移。在包气带剖面含水量示意图中，分水点的位移速度主要受融化速度、岩石温度增长速度以及冷凝过程的强度影响。图 5.3 反映出：在雅库特中心地区的气候条件下，同种砂岩包气带的含水量变化，从 6 月 11 日到 8 月 21 日，冷凝面的位移速度为 0.56cm/d，而从 8 月 21 日到 10 月 1 日，冷凝面的位移速度为 0.50cm/d。在一些研究地段，暖季，冷凝面的平均下移速度为 0.54cm/d，而在包气带垂直剖面含水量示意图中，分水点的通过带长度达 60cm。

当大气湿度差 ΔE_d 超过 ΔP_t 的绝对值时，包气带中水分蒸发过程比冷凝过程活跃。此时，水蒸气会蒸发到近地面大气中，引起了包气带持续干旱。这种特征在岩层湿度变化剖面图 5.3 中也有类似反映。区别在于：在含水量剖面图中，分水点可以向下移动，也可以向上移动，这主要取决于近地面岩层温度和大气湿度的变化。所以，当冷凝过程较活跃时，分水点上部的水分迁移，多以气态形式进

行。而分水点下部的水分迁移，主要以薄膜状向蒸发面移动。而且，气态水的迁移强度与向相位转变面迁移的薄膜水强度相同，并与蒸发强度相一致。

因此，暖季，在多年冻结层分布区，包气带水分迁移是在气态液态混合的平衡状态下进行的。在包气带上部，水分迁移主要是以气态形式下降（冷凝过程较活跃）或上升（蒸发过程较活跃）。而在包气带下部水分迁移主要以薄膜形式下降（冷凝过程较活跃）或上升（蒸发过程较活跃）。如果 ΔP_t 超过大气湿度差绝对值 ΔE_d，那么水分迁移的方式主要是由气态向液态转化；如果 $\Delta P_t < \Delta E_d$，那么水分迁移的方式主要是由液态向气态转化。

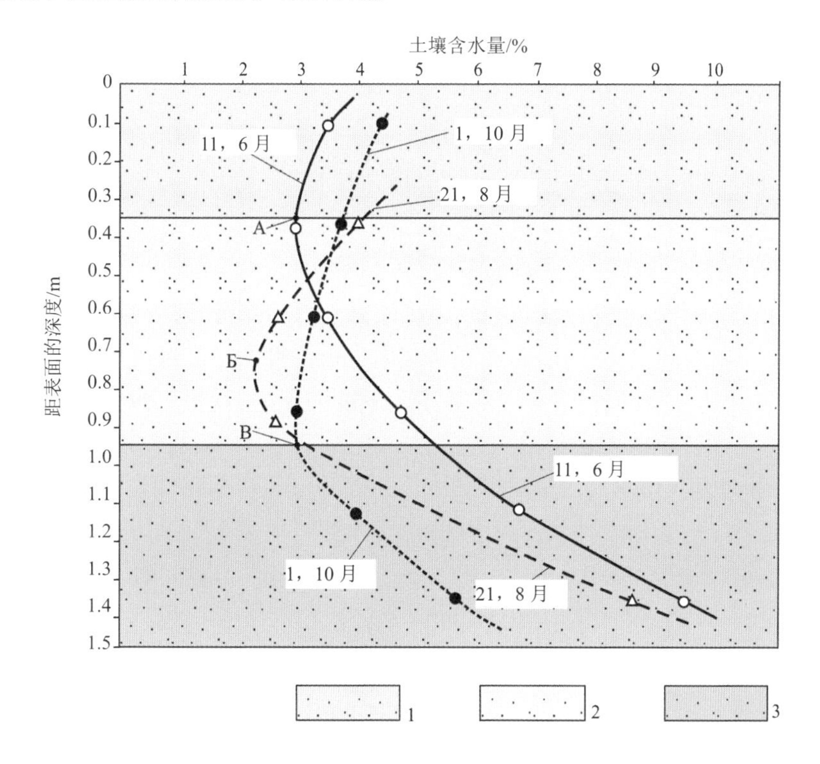

A、Б、В—不同观察时期内，在岩层含水量剖面图上，冷凝面上边界的分水点
图例中：1—以气态水为主的区域；2—暖季冷凝面位移区；3—薄膜状水汽流泻区

图 5.3　雅库特中心地区暖季不同月份、包气带砂岩层垂直剖面含水量示意图

在暖季，大气降水，包气带岩层不均匀性，以及冻结上层滞水、季节性融化层水的形成等因素对水分迁移规律的影响十分复杂，当然，不能完全排除包气带中以气态形式进行的水分迁移，以及冷凝过程强度的影响。例如，依靠大气降水形成的毛细滞水层，在形成过程中，产生了叠加的或次生的含水剖面。在毛细滞水层的上部，可以观察到以气态形式进行的水汽向大气迁移的过程，其蒸发过程主要依赖于大气湿度差。在毛细滞水层下部，或发生依靠重力和热梯度力形成的

薄膜水沿剖面下流的情况，或发生薄膜水往蒸发面下流的情况。这种情况下，薄膜水分迁移的强度和方向，可以由依靠大气湿度差形成的上升气态水流强度和受重力（J_{gr}）和热梯度因素影响（J_{td}）水流强度间的差别确定，则

$$J_{pl} = J_{d\omega} - (J_{gr} + J_{td}) \qquad (5.17)$$

J_{gr} 的大小同式（5.16）一样，可以用以下公式计算：

$$J_{gr} = (\omega_e - \omega_{mg}) K_{\varphi} \rho_B \times 10^{-3} \nabla Y_{\mu h\varphi} \qquad (5.18)$$

式中：$\nabla Y_{\mu h\varphi}$ 在计算时段内，大气降水入渗到包气带近表层比例，即毛细水层厚度。

如果 $J_{d\omega}$ 的数值超过 $J_{gr}+J_{td}$ 的和，那么可以观测到，毛细水层的薄膜水上升到了蒸发面。反之，如果 $J_{d\omega}$ 的数值小于 $J_{gr}+J_{td}$ 的和，可以观测到薄膜水从表层下降到了冻结层上水水面。

使用此类方法，可以计算出包气带各个岩层的水流流量，进而得出其总流量。然而，水分合成流及其方向，可以依据具体时期平均湿度指数与弯折岩层湿度指数来确定。这种情况下，可以用式（5.8）或式（5.10）来计算整个包气带水分迁移强度。计算时间可以取旬或月为单位。

通过上述的计算公式，表 5.1 列出了暖季包气带水分迁移月平均强度指数。表 5.1 中的观测数据是我们用实地观测结果进行计算的。实地观测既包含对综合气象的观测，也包含对包气带岩层的温度和湿度的观测。观测工作是由作者主持，在试验场（雅库特中心地区的某夹砂岩体）中进行的（Бойцов、Шепелёв，1976；Шепелёв，1976a、1978、1981、1995a）。此处的包气带是颗粒均匀的风成砂，具有以下特征：单位重量 $\rho = 2.65\times10^3\text{kg/m}^3$，土壤骨骼重量 $\gamma = 1.65\times10^3\text{kg/m}^3$，最大分子含水量 $W_{mg} = 0.026\text{g.e}$，毛细水含水量 $W_k = 0.18\text{g.e}$，饱和含水量 $W_n = 0.23\text{g.e}$，渗透系数 $k_{\varphi} = 1.4\times10^{-5}\text{m/s}$ 重力水出水量 $\mu = 0.2\text{g.e}$。表 5.2 用试验场中所观测的原始参数值进行计算。

表 5.1　雅库特中心地区砂岩包气带的水分迁移强度指数

月份	蒸汽浓度扩散强度 J_{dw}/ $[10^6\text{kg/(m}^2\cdot\text{s)}]$	蒸汽热扩散强度 J_{dw}/ $[10^6\text{kg/(m}^2\cdot\text{s)}]$	水分迁移强度合值 $J_n=J_{dw}-J_{td}$ $/10^6$	冷凝层（k）或蒸发层（u）的水分迁移强度 $\Delta Y_{\phi} = \frac{J_n \Delta t \times 10^3}{P_B}$	冷凝水测量器 1 所观测的冷凝层的水分迁移强度 Y_k/mm
6 月	15.9	25.9	10.0	26（冷凝层）	11
7 月	18.9	40.6	21.7	58（冷凝层）	5
8 月	12.4	16.1	3.7	10（冷凝层）	20
9 月	6.8	6.3	13.1	34（蒸发层）	18
暖季各月平均值	13.5	19.1	5.6	60（冷凝层）	54

表 5.2 试验场中气象、地质方面主要参数的月平均值

月份	大气压力 Pa/kPa	气温 T_0/°C	埋深 1.6m 的岩层温度 T_0/°C	空气相对湿度 Φ/g.e.	大气湿度差 ΔE_d /Pa
6 月	99.1	12.0	0.5	0.66	476
7 月	98.9	17.2	3.4	0.71	565
8 月	99.4	13.8	8.0	0.76	374
9 月	99.7	4.9	7.7	0.76	206
暖季各月平均值	99.3	12.0	4.9	0.72	406

表 5.1 中的数据表明：夏季，大气中的气态水下沉，在包气带岩层中进行冷凝。与此同时，水汽迁移和冷凝的最大强度值出现在 7 月；而在 9 月，蒸发量明显开始高于冷凝量。整个夏季，包气带中通过气态水方式散失的水分约为 60mm，该数值接近于冷凝总量。有时会出现某些月份计算和实测冷凝水汽值不等的情况，这主要是因为凝结水分的大小直接由观测记录确定。凝结水分以薄膜水形式沿剖面向下非常缓慢地流动。冷凝水从形成到稳定是存在固定时间间隔的。这也引起了在某些月份计算和实测冷凝水汽值不等。

在冬季，包气带水分迁移具有一些不同于夏季的特征。由于受热梯度因素与大气湿度差的影响，水流的流向与水汽的流向相同。因此，在冬季，包气带中水分合成流由水汽迁移的主要组成部分构成，并且向地面流动。

在冬季，由于受包气带岩层成分，以及孔隙率或裂隙度的影响，水汽或是以气态形式，或是以薄膜形式上升。当包气带岩层的主要成分为分散的粗粒时，水分迁移将主要通过气态形式。这时，当蒸汽降落到负温的包气带表层时，会直接转化成冰，即凝华。而如果包气带岩层的气体渗透率非常高，那么大部分的气态水上升流将要直接透过雪层进入大气。因此，在冬季，水汽的凝华强度可能与包气带中水汽迁移强度不相等。由于凝华冰的形成，包气带岩层的渗透性减弱。在确定冬季气态水迁移强度时，必须要考虑到包气带不冻结部分的湿度以及冻结部分的含冰率（ω_l）。冬季，以气态形式进行的水汽运移强度可以通过类似式（5.8）的公式确定：

$$J_n = \frac{(n-\omega_{cp})D_0\gamma_{ck}(\Delta E + \Delta P_t)}{zP_d} \quad (5.19)$$

式中：ω_{cp} 为厚度为 z 的包气带岩层的含水量平均值。

ω_{cp} 的值可以用下式确定：

$$\omega_{cp} = \frac{\omega_l z_{np} + \omega_e z_{hn}}{z} \quad (5.20)$$

式中：ω_l 为岩层含冰总量，g.e；z_{np} 为包气带冻结部分的厚度，m；z_{hn} 为包气带

不冻结部分的厚度，m。

当包气带岩层的主要成分为分散的微粒时，水分迁移主要以薄膜形式进行。薄膜水的迁移强度公式为：

$$J_{pl} = \frac{(\omega_{\Psi\Phi} - \omega_{mg})k_n}{\upsilon_B} \frac{(\Delta E_d + \Delta P_t)}{z} \qquad (5.21)$$

式中：$w_{2n\phi}$ 为包气带液相水的平均含量，g.e；υ_B 为薄膜水的黏度比率，m^2/s；K_n 为包气带岩层解冻时，岩层的平均渗透值，m^2。

$W_{2n\phi}$ 的值为

$$W_{2n\phi} = \frac{W_{H\xi} Z_{np} + W_e Z_{Hn}}{z} \qquad (5.22)$$

式中：$W_{H\xi}$ 为包气带冻结部分的不冻水含量，g.e。

包气带冻结部分的薄膜水迁移强度比解冻部分低很多倍，这是由于一定量的水分转化成了冰。在岩层上部冻结速度较缓的情况下，包气带冻结和解冻区的水分迁移强度之间的显著差异，正是冻结面水分聚集以及多冰层或夹层形成的主要原因。

这样，无论是夏季，还是冬季，位于多年冻结层分布区的包气带内水分运移的强度和方向，主要由岩层和近地面大气的热量湿度条件决定。这个结论着重强调了下述观点，即包气带是岩层圈和大气圈的接触层。反映了这两个主要物质地圈相互影响的复杂性和独特性（Чубаров，1990）。

本章所叙述的关于多年冻结层的包气带内水分迁移的计算方法，原则上，区别于以往的、理论上的、不饱和土壤中水分迁移问题的研究（热机械学、分子运动学、流体力学等）。然而，由于理论方法的多样性以及成果的实际应用难度，使得这一问题尚未得到解决。一些研究学者承认，现有的关于此问题的理论研究主要不足就是他们的“非物理性”，即对水分迁移的物理实质欠加考虑。例如，Г.М.费尔德曼在研究土壤中水分迁移的特性时，对广为熟知的势能位差说进行了评价，他说：“我们认为，水分传导公式与热传导公式相似，这使得我们做了大量的，无法反映物理现象的运算。因此，现有的土壤中水分运移理论与野外和实验室试验结果不完全一致是合理的，并不是偶然的。”（Фельдман，1988，с.4）

上述评价包气带水分迁移特性的方法被作者称为唯象法（Шепелёв，1996б）。考虑到，由于影响不饱和土壤和岩层中的水分迁移的因素多种多样，在这里只选择两个主要因素来说明。需要强调的是，许多研究学者都指出，唯象法对复杂的自然研究十分有效。П.Ф.舍佩廖夫和 В.П.科瓦利科夫也强调了在冻土研究中应用此方法的重要性。他特别指出：唯象法的重要特征是借助于高质量、扩大的参数来描述物理对象，从而来找出任一物理过程和现象的主要因素。在研究对象较复杂时，首先要联想到扩大的参数。寻找这类参数来简化对规律的理解，这是物理冻土学中唯象法运用的典型特点（Швецов、Ковальков，1986，с.19）。

这样一来，使季节性冻结层和多年冻结层分布区的包气带的划分原则得以明确；与此同时，唯象法的运用，使我们研究出了计算水分转移强度的新方法。在水分迁移特性的基础上，不仅揭示了包气带水交换过程的物理实质，在某种程度上，还揭示了氧化还原和其他季节循环过程的实质。许多研究者们指出了这些过程在多年冻土层分布区内的积极性（Швецов，1961；Шварцев，1965、1975；Чистотинов，1973、1974；Глотов и др.，1985；Питулько，1985；Макаров，1986、1989、1990；Глотов，1989、1992、2009；Алексеев，2008）。

唯象法对包气带中水分迁移研究十分重要，还因为它可以更全面地解释完全饱和层和不饱和层中的水分运动的联系和统一，揭示了冻结层上水水体形成和资源分布特性。

5.2 冻结层上水的运动特征

关于地下水水体动态的定义，人们一般将其理解为地下水水位、水量和运动速度的时间性变化（Ковалевский，1959、1973）。把引起水文地质指数在时间和空间上发生变化的因素称为水文情势形成因素。气象因素、水利因素、地质因素、生物土壤因素、航空因素、技术因素全部都属于后者的范畴，这些基本的水文情势形成因素每一个都能够再分成相应的组成部分，像大气温度、湿度、降水、大气压等。地质因素中可以分为岩层的、地貌的、构造的等。

由于上述的水文情势形成因素是地下水补给、运动方向、运动速度等的前提条件，因此根据这些基本因素才能确定地下水水体类型。其中，给地下水提供补给的水文情势形成因素（气象水利、岩层等）是水体动态状况的起源基础，而确定地下水水流条件的水文情势形成因素（地貌等）是形成各个类型的水体动态状况的前提条件。这样 M.E.阿里托夫斯基（1954）研究了地下水起源类型的概念，把地下水划分为以下类型：荒漠（干旱）型、降雨型、降雪型、冰川型和冻结型。而 Г.Н.卡缅斯基（1953）依据地下水形成的水文动态特性，将地下水水体动态类型划分为以下基本分类：海滨的、山前地带的、分水线的、冻结的。不难发现这两种地下水动态类型划分中都存在冻结类型。这种情况证明，冻结因素不仅非常重要，而且在影响地下水补给条件的水动力学、水化学、热力状况方面有着自身所独有的特点。在冻结层分布地区，几乎所有从事地下水动态状况的研究者们都指出了上述冻结因素的决定性作用，这一因素晚些时候被命名为冻土因素（Ефимов，1944、1947；Дементьев，1945；Барыгин，1952；Конжин、Кальм，1965、1970；Догановский，1968；Охотников，1968；Анисимова，1971、1976、1981、1996б、2002、2004；Блохин и др.，1973；Оберман，1973、1989、2002；

Ясько，1973；Белецкий，1975；Какунов，1975、1977、1982б；Фотиев，1975；Швецов，1975；Мельничук，1976；Блохин，1979；Булдович，1979；Сеньков，1979；Глотов、Сухопольский，1983；Романовский，1983；Васькина，1987；Зиновьев，1988；Ломовцева、Толстихин，1989；Бойцов、Лебедева，1989；Бойцов，1989、1992、2002а、2002б；Лебедева，1989；Павлова，2002、2006、2010）。

在总结已有工作成果的基础上并以自己的研究成果为依据，作者阐述一些关于冻土因素对冻层上水水体动态的影响特点的共性（Шепелёв，1976а、1978、1981、1995б）。像其他的水文情势形成因素一样，冻土因素包括几个组成要素，即多年冻结层温度、厚度和不均匀性，以及寒区活动层动态和岩层厚度。上述因素总体上具备冻土环境特点。但是，依据 П.Ф.什韦佐夫的自然地理公理，冻土环境由三个相互影响的基本因素确定：气候、岩层组成成分和地貌状况（Швецов，1975）。可见冻土环境是气象因素、地质因素、生物土壤因素等的地下水形成基本因素的整体性表现。

在寒区环境下，这些大家所熟悉的地下水水文情势形成因素相互影响的特点在于：在岩层中有季节性或多年性的定期水分交换，从液态转换成固态或相反。

在一定水文地质条件下，类似的水相位转换促进了含水层中结晶压缩和结晶真空的产生，并改变了水体特性、范围等。因为上述物理效果可以称为低温流体动力效果。因此地下水类型同样可以命名为低温流体动力水，这不仅强调了水文情势形成因素对水相位间转换（从液态到固态，或者相反）的作用，也强调了含水层、水位的基本水文地质参数和边界条件的转换的低温特性。

依据在寒区具有含水层和水位的冻结层特点，可以划分出三个低温流体动力地下水类型：填积型、衰减型和准稳型。

填积型具有冻结含水层和冻结水平面。如果从水平面的顶部开始冻结，那么地下水就有了低温静水压，压力值等同于含水层冻结的量。如果地下水冻结自下而上，从多年冻结层底部开始，那么可能不会产生低温静水压，这时地下水水位要么略微升高，要么略微下降。考虑这种情况，合理的把填积型划分为三个子类型：直接型、循环型和混合型。直接型出现在含水层和水平面从地下水顶部冻结时，沿剖面自上而下冻结。循环型在下列情况划分出的，当含水层水位冻结从底部开始，即沿剖面自下而上。混合型是当含水层从顶部和从底部同时冻结时产生。

衰减型是指含水层或地下水水平面的低温边界在冻结层融化作用下逐渐降低。由于低温真空效应和地下水含水层或水位范围扩大，通常，含水层或地下水水平面的低温边界总是一直降低的。地下水水水平面升高只有在补给量明显超过流量时才发生。

准稳型是指当含水层和水平面低温边界在剖面图中相对稳定，或者在一定时期没有变化。这种情况下地下水水位是根据由补给值和流动值的比来确定。

低温流体动力水的三个类型不仅是冻结层上水所固有的，也是冻结层间水、冻结层下水所固有的。冻结层上水的特点在于，他的类型和子类既具有多年性，又具有季节性。这是因为，冻结层上水水位的低温边界变化，既受岩层多年性冻结融化作用影响，又受季节性冻结融化作用影响。因此，季节性冻融过程和多年性冻融过程相比，季节性冻融过程强度和规模更大，也更富有流动性。正是它们决定了冻结层上层滞水、季节性融化层水和冻结上层地下水的特点。

冻结层上层滞水是衰减型的低温流体动力水主要表现。这是因为，夏季时，季节性冻结层融化后形成的水在隔水层上积累，形成了冻结层上层滞水。所以，冻层上层滞水水位一定在短暂时期内下降。

季节性融化层水的低温流体动力状况更加复杂。夏季时，季节性冻结层发生激烈的融化时,季节性融化层水与衰减型的冻结层上层滞水特点相似。而在夏末，当岩层季节性融化达到最大值，季节性冻结还没有开始时，季节性融化层水又具有了稳定型低温流体动力水的特点。冬季时，季节性融化层发生季节性冻结时，会自上而下冻结，也会自下而上冻结。这个时期季节性融化层上水就具有混合类型的特征。

实地观测结果进一步证明了上述季节性融化层水的低温流体动力特点。图 5.4 介绍了不同地貌和岩性环境中这些水的低温流体动力研究结果，这是俄罗斯科学院西伯利亚分院的冻土学研究所（Бойцов,Шепелёв，1976； Шепелёв，1976a、1978、1995a）和俄罗斯地质部的东北水文地质分部（Огарев и др.，1975）在雅库特中部地区观测所得到的资料。

图 5.4 反映了季节性融化层水的特点。应该指出的是，该水层距地面较浅［图 5.4（a）］时，依靠积雪融化和大气降水，水位在衰减时期也能够上升。在距离地表较深的情况［图 5.4（b）］下，基本上不受大气降水影响，因此水位在夏季总体下降。类型 a 的季节性融化层水大概在 11 月末消失，而类型 b 在 12 月末消失，类型 c 在 1 月中旬［图 5.4（c）］消失。假如说前两种情况与季节性融化层水资源枯竭有关，那么类型 c 则是以含水层冻结为前提的。这种冻结包括从上向下和从下向上。

冻结层上地下水的低温流体动力特性，以多年冻结层上水在多年冻结层上形成为前提。因此，冻结层上地下水水位下边界不受季节性冻融过程的影响，而是受到多年冻融过程的影响。也就是说，在这种条件下上述所划分出的地下水类型（填积、衰减、准稳）具有多年特性，而不是季节特性。然而，多年冻结的含水层的冻结上水发生融化时，冻结层上地下水水位下部界线自上而下移动或者位移的幅度不大。因此，上述过程对冻结层上水一年的水力动态影响不大，仅仅反映出冻结层上地下水水位多年动态变化的一定趋势。

图 5.4 中各种类型冻结层上水的低温流体动力状况持续时间：T_{ag} 为增长期；T_{dg} 为减少期；T_{ks} 为稳定期；h_a 为包气带厚度。

冻结层上含水层上边界既受到季节性冻融过程影响，也受多年冻融过程的影响。在多年冻结的情况下，按照在多年冻结层埋藏条件，地下水具有冻结层上水和冻结层间水特性（见图 5.5）。在含水层或含水区逐渐增加的条件下，从上向下，冻结层上水完全可以转化为冻结层间水。

由于冻结层上地下水、冻结层上层滞水及季节性融化层水三者之间有着紧密的水力联系，因此冻结层上地下水水体状况能够依据后两者的低温流体动力状况确定。这在河谷中表现得最为明显。在河床下融区产生的冻结层上地下水不受季节性冻融过程的直接影响。但是，在河流集水区形成的并完全受季节性冻融过程影响的季节性融化层水和冻结层上层滞水，会以相应的方式影响融区地下水水体，使其具有某些低温流体动力特性。影响的程度取决于河谷的地貌、普遍冻土条件、水文地质条件、地貌条件等。

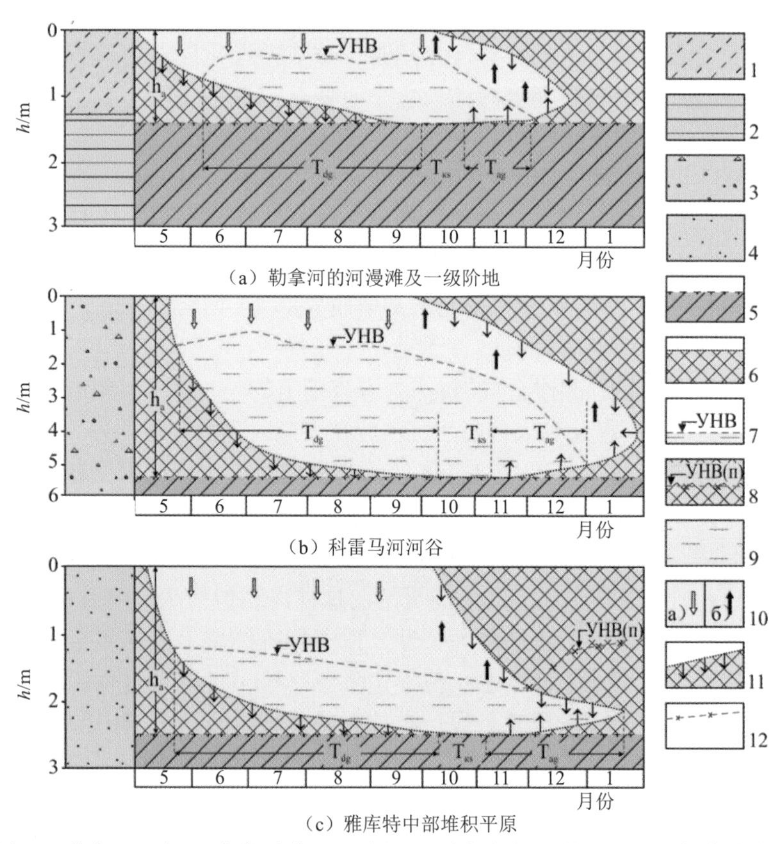

（a）勒拿河的河漫滩及一级阶地

（b）科雷马河河谷

（c）雅库特中部堆积平原

1—砂壤土；2—壤土；3—碎石—砂砾沉积物；4—砂土；5—多年冻结层及其上界；6—季节性冻结层及其范围；7—冻结层上水水位；8—冻结层上水承压水头；9—正温饱和含水区；10—非饱和正温区内蒸汽交换（a 为下降，b 为上升）；11—季节性冻结层的边界位移方向；12—冻结层上水观测点

图 5.4　不同地貌沉积条件下季节性融化层冻结层上水水位变化和岩层季节性融化、冻结的变化示意图

针对欧亚大陆山区的环境，В.Б.格列托夫和 О.В.苏霍多利斯基（1983），在分析了上述三者之间的联系后，划分出了在河谷中的融化层水水位状况的各种情形（见图 5.6）。在冬季开始前，位于狭窄的峡谷或 V 形河谷中坡地上的季节性融化层水水量很小，因此这些水对冬季时的融化层水的补给没有实质影响。由于这个原因，融化层水在整个冬季水位会一直下降，处于无压状态［图 5.6（a）］。在宽广的槽状河谷中，在坡地和阶地上的季节性融化层水水量相当丰富。冬季时，受岩层季节性冻结的影响，这些水具有静水压，使水流向河流和融区的河床聚积［见图 5.6（b）、（c）］。在这种情况下，融区的冻结层上地下水水位融化在冬季时会上升，并局部具有静水压。

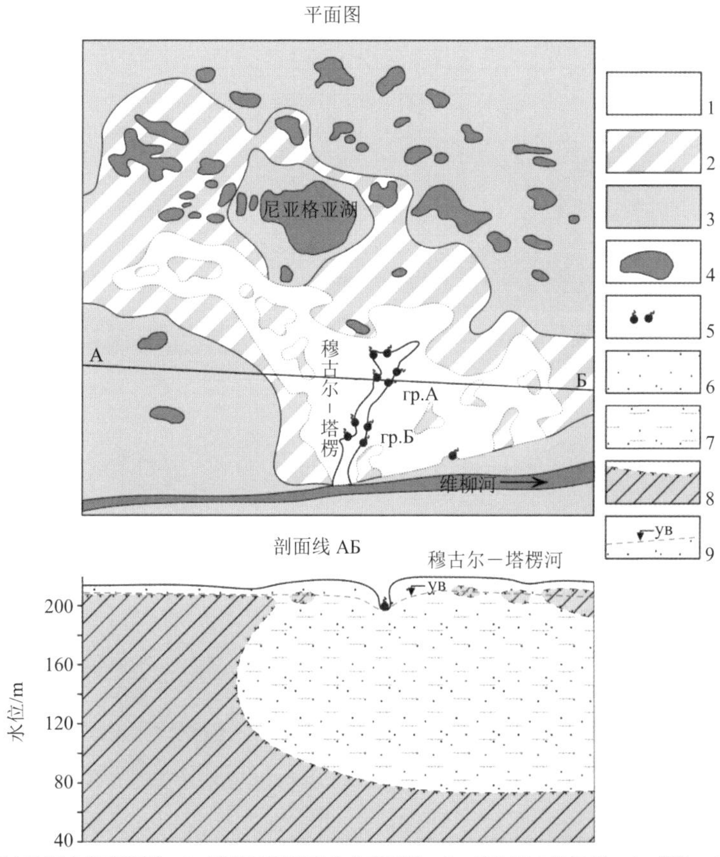

1—冻结层上地下水分布范围；2—冻结层间地下水分布区域；3—无地下水的区域；4—湖泊；5—地下水泉；6—包气带沉积物；7—含砂沉积层；8—多年冻结层及其边界（剖面）；9—冻结层上地下水水位

图 5.5 包含砂层的残余融区冻结层上水、冻结层间水水文地质图

因此，水从液态到固态或相反的相位转换对冻结层上含水层的低温流体动力状况具有直接影响，在一年或者更长时间内影响着冻结层上含水层的边界和水文特性（Шепелёв，1981、2007a）。因此，冻结层上水的所有子类型一年的动态中，

受季节性饱和水冻结或者饱和冰融化过程的影响是最大的。水液态固态间的相位转变过程仅对冻结层上水水体状况产生影响(。至于对冻结层上水的低温流体动力影响，岩层多年冻融过程表现的不明显，通常不超过水平衡观测点。在解决水文地质和冻土问题时，为了生态、工程地质学和其他目的，一定要考虑饱和水冻结或饱和冰融化多年过程的影响。

除了水的固态液态相位转换外，其他及水相态变化过程也对冻结层上水各子类型存在影响，例如：在岩层包气带中的蒸发、冷凝、升华和凝华过程。在寒区的这种环境下，上述相态变化过程使包气带中水分垂直迁移相当活跃，相态变化过程和地下水水位变化表现出明显的季节性。

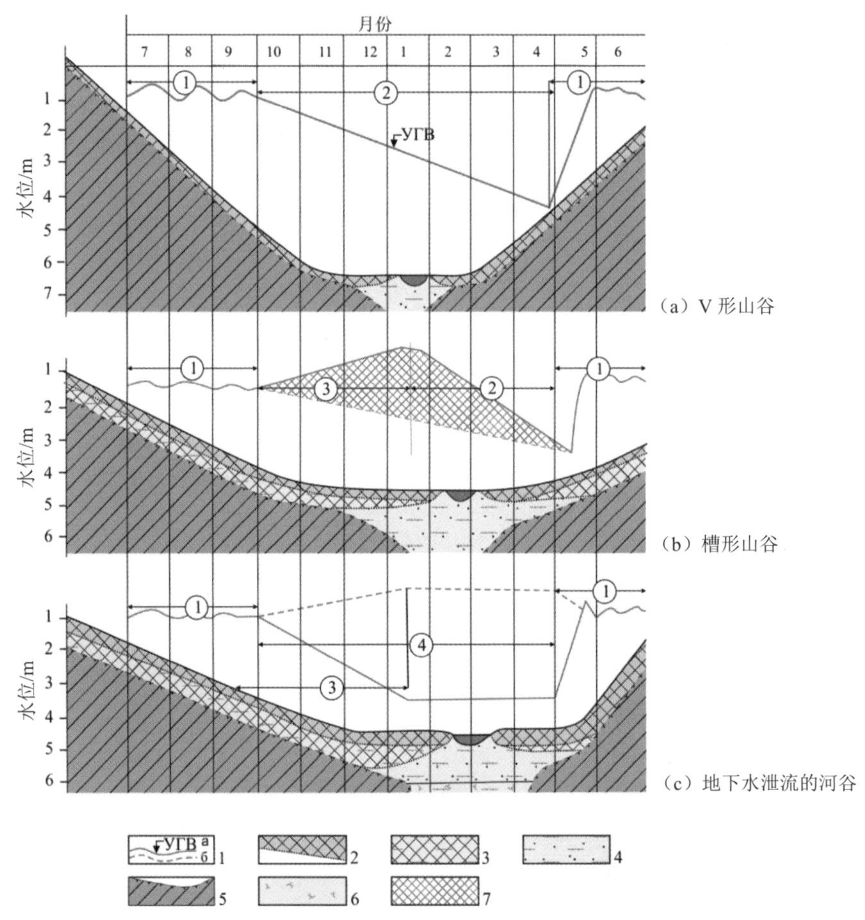

①—夏季融区水补给；②—临冬时无补给期；③—冬季冻结层上水冻结时，融区水位状况；④—冻层下水对融区水的补给期；УГВ—地下水位；НГВ—最高水位

1—融区地下水水位变化（a—实测,б—预测）；2—季冻层；3—冬季冻结的含水的季融层；4—含水融区；5—多年冻结层及其边界；6—断裂带的裂隙岩层；7—冬季融区水地下补给

图 5.6　不同河谷冻土水文地质条件下融区地下水位变化示意图

如上所述，夏季，包气带中水分迁移以下降为主，主要与水分冷凝过程有关。这类水相位转移过程补充了地下水资源，提高了地下水水位。冬季，在地下水水面蒸发强度和岩层近地表剖面中的含冰率增加的情况下，包气带水分以气态水和薄膜水形式向上迁移。因此，在这种情况下，地下水水量减小，水位下降。

在冰岩带（寒区）不同地区进行的观测结果也证明冻结层上地下水水体变化的季节性特点。地下水水位春季初期开始上升，因为这时平均昼夜温度超过 0℃。多数情况下，地下水水位冬季开始下降，因为近地面大气平均昼夜温度从 0℃转向负数。A.A. 科诺普里昂采夫和 C.M.谢苗诺夫强调了这种规律性并进一步指出：地下水水位动态变化"实际上不取决于地下水埋深、包气带岩层和含水岩层组成成分"（Коноплянцев、Семенов，1979，c.95）。上述规律性是普遍的，是寒区地下水在整体强烈的水分交换过程中所固有的特点。

在冻结层上地下水水体动力状况中，冻结层上水水层表面未涉及岩层冬季冻结面时，上述普遍规律大多情况下能充分地显示出来。图 5.7 中为重湿润区冻结层上地下水水体动态状况综合示意图（俄罗斯欧洲东北部季曼-伯朝拉地区）。该图是在总结冻结层上水水位动态、包气带岩层和大气温度实地观测成果的基础上做出的（Какунов，1977）。包气带的上部被亚黏土覆盖，深度达到 1.5 ~ 2.5m，多年冻结层厚度从 10m 到 500m。冻结层上水在这里分部广泛，占多年冻结层面积的 40% ~ 60%。

图 5.7 证明了地下水水位动态与气温变化联系密切。例如，春季，从大气平均昼夜温度从 0℃往正值变化时刻开始，冻结层上水水位开始上升。冬季，从大气平均昼夜温度从 0℃往负值变化时刻开始，冻结层上水水位开始下降。尽管包气带亚黏土沉积层具有弱透水性，但大气温度和冻结层上地下水水位之间相互关系也能清晰的反映出来。在观察中发现，这个联系主要是以薄膜水形式通过包气带弱透水性岩层垂直下降或上升来实现的。

图 5.8 和图 5.9 为观测孔位置和水平衡段冻土水文地质剖面图。这一水平衡地段位于玛哈特（雅库特中部）的维柳伊河，岩体中含有沙。形成在全新世的残留融区含水层，如今在观测段的厚度为 70 ~ 80m。在冻土学中这个含水层具有冻结层上水和冻结层间水的特点。因此，在含沙的多年冻结层中没有标注。在植物覆盖的岩体地段，多年冻土层重新组合，在融区含水层中形成低温静水压（图 5.5）。在穆古尔-塔楞河谷中观测到，含水层地下水以泉涌上升和下降形式排泄，排水量平均 760L/d。冬季泉水形成了巨大的冰锥，冰锥的体积在冬季结束时达到 $1.8 \times 10^6 m^3$，厚度达到 4.5m（Бойцов、Шепелёв，1976；Шепелёв，1976a、1978、1979、1987）。

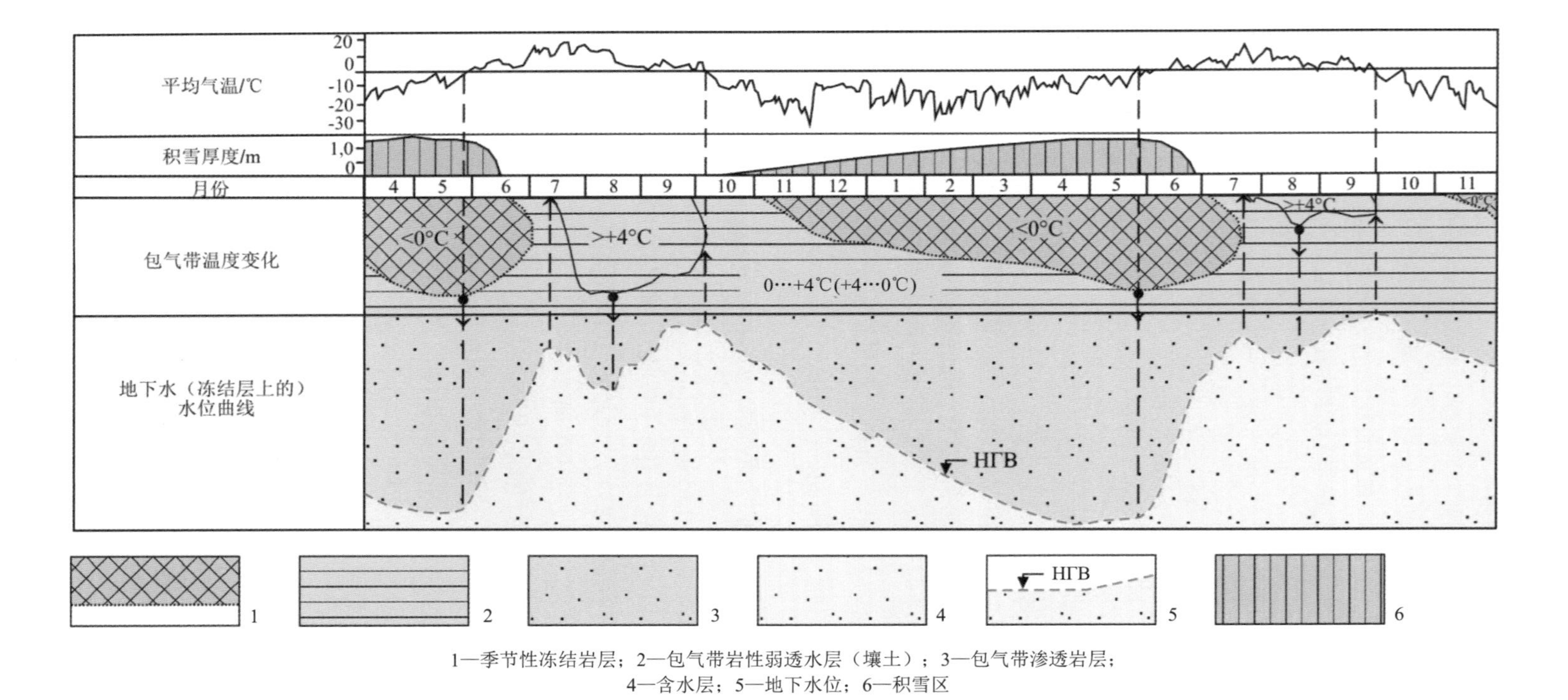

1—季节性冻结岩层；2—包气带岩性弱透水层（壤土）；3—包气带渗透岩层；
4—含水层；5—地下水位；6—积雪区

图 5.7　季曼-伯朝拉地区冻结层上地下水水体动态示意图

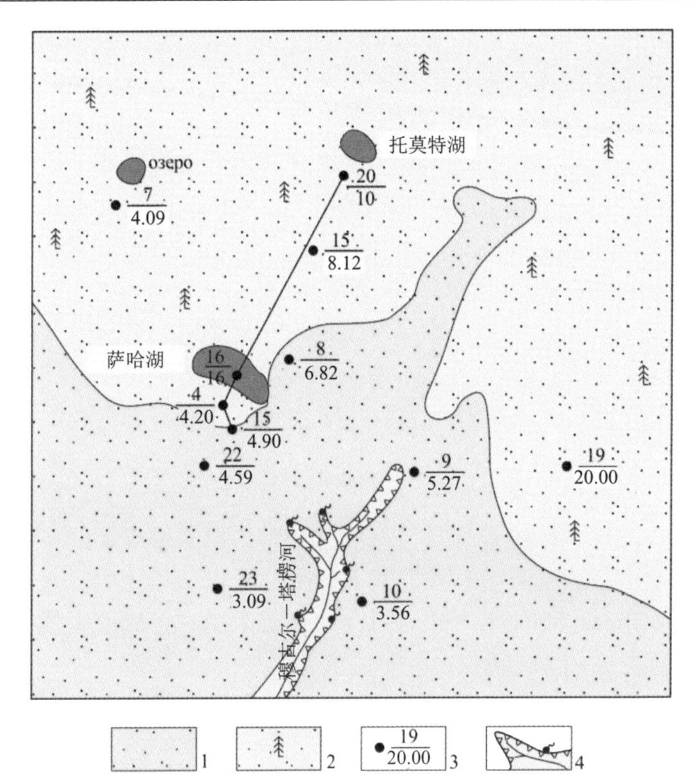

1—砂地；2—固砂植被；3—水文地质观测孔（分子—编号；分母—冬季末期地下水深度）；4—河谷中地下融区水排泄

图 5.8 砂质含水层水均衡地段观测孔位置示意图[这一水均衡地段位于玛哈特（雅库特中部）的维柳伊河]

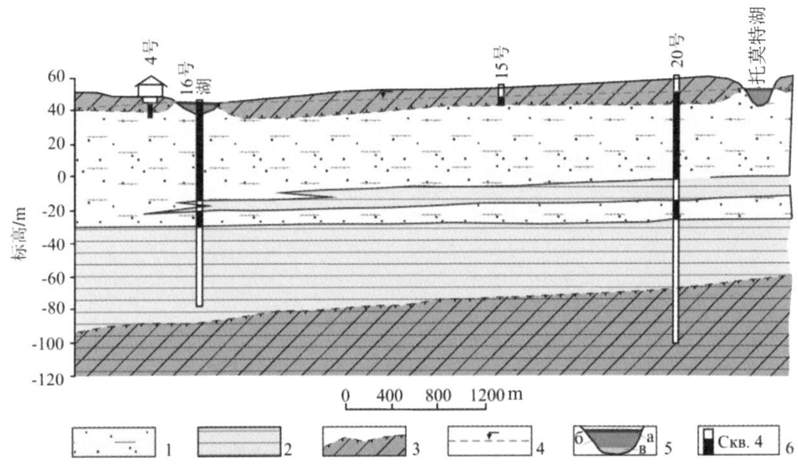

1—含水砂层；2—含有厚层泥岩和黏土的隔水层；3—冻结层及其分布边界；4—冻结层上—间水水位；5—湖泊盆地；a—冰覆盖层；б—水；в—底部淤泥沉积；6—含水层观测孔的水压和间距（变量）

图 5.9 冬季末期观测孔的冻土水文地质剖面图[位于玛哈特（雅库特中部地区）]

在进行观测的包气带岩层主要是中粒风成沙，厚度均匀，从 3m 到 6m。图 5.10 为冻结层上地下水水位动态综合示意图。冻结层上地下水位于没有植被覆盖的含沙地段和不透水融区。研究发现，冻结层上地下水水位一年最小值出现在冬季末期，此时大气稳定的正温度即将到来。从这时起地下水位不断上升，一直持续整个夏季。两个观测孔（4 号和 16 号）的冻结层上水水位升高的大小几乎是相同的。地下水水位最大增加幅度出现在 5 月（19cm）、7 月（20cm）、8 月（16cm），最小值在 6 月（7cm）和 9 月（8cm）。

在观测孔中（4 号和 16 号）最高水位出现在夏季末，这时大气平均昼夜温度即将转为负值。在暖季冻结层上水水面普遍提高达到 72cm，平均上升速度 0.47cm/d。从大气平均昼夜温度为负值开始，冻结层上地下水水位不断下降，并持续整个冬季。

这样，对于冻结层上水水位动态来说，当包气带透水性岩层变得复杂，而气候急剧的呈现大陆性气候特点即变得严寒、干旱，那么季节性的普遍规律就与地下水大气圈间水分垂直交换过程息息相关。可见，在一年之中，对于包气带的水分交换过程的季节性和冻结层上水水位动态变化来说，近地面大气平均昼夜温度超过 0℃的时间段是一个转折点。

像前面所论述的那样，在植被覆盖的风成沙地段，融区水具有冻结层间水的特点，这是因为这里正发生自上而下的多年冻结。虽然和冻结层上水有着紧密的水力联系，冻结层间水还有一些自身所独有的特性。这就是冻结层间水拥有低温静水压。而静水压值在一年内是变化的。由于多年冻结层自上而下新形成的“冰盖”的厚度一般不超过 8～10m，在该自然环境中，岩层温度年变化较小。因此，静水压在冬季结束时达到最大值。与此相关的是，冻结层上地下水在这时拥有一年中最低水位。由于水位差异，地下水以水平的方向从植被覆盖区流到风成沙地段。由于这种水资源的重新分配，在 6 月末到 7 月初冻结层间水水位下降最快。在接下来的时间，冻结层间水和冻结层上水水位保持平衡，一直同步到 12 月和 1 月。这时冻结层间水静水压重新开始升高，地下水水位抬升，形成局部穹形（Шепелёв，1978、1981）。

观测发现，当冬季发生局部冻结时，存在不少偏离冻结层上水水位变化普遍规律的情况。在这种条件下，水液态固态间的相位变化对水体的形成具有决定性的作用，这是因为相位变化能引起不同季节性低温流体动态效应的发展（静水压的形成、发展和消除，冻结层上水水位岩层的形成，冬季地下水排泄的集约化等）。

低温流体动态效应本质上改变了包气带水分交换条件，使冻结层上水的水位状况异常地复杂。很大程度上，这是面积不大的半包气带融区积累的冻结层上水所特有的。

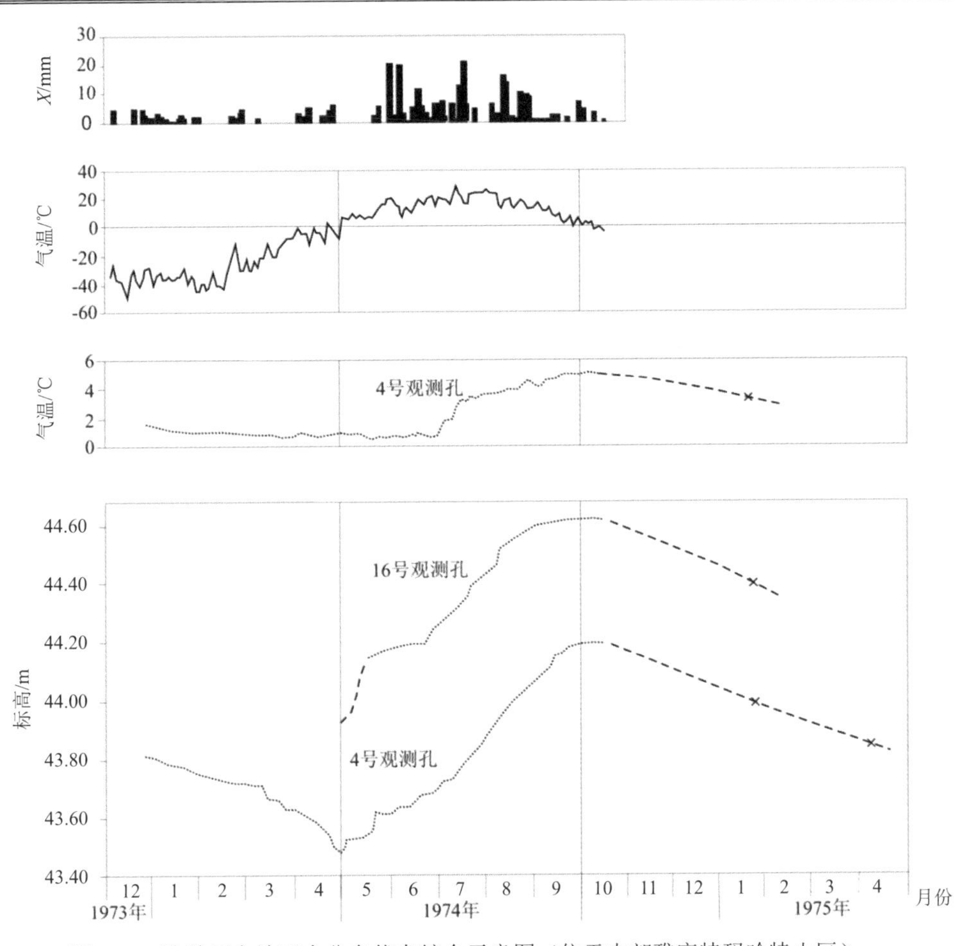

图 5.10 冻结层上地下水分布状态综合示意图（位于中部雅库特玛哈特山区）

图 5.11 为雅库中部地区坡地上热辐射融区示意图（Бойцов，1985）。由于冻结层上融区水发生局部季节性冻结，冻结层上融区水在一年内相当长时期（图 5.12），具有渗透压力状态。冻结层上含水层静水压的持续时间沿坡面向下逐渐增加，平均在 51 号观测孔大约 120d，在 15 号观测孔为 260d。在融区低坡地部分 4～5m 处，静水压增加。在冻结层上地下水水压面最大时（2—3 月），在融区产生季节性隆起丘，整体上季节性冻结融区的冻结层上水的静态聚积减少了 2 倍多，在冬季结束时大约为 $15\times10^3m^3$。

在冻结层上地下水水文情势形成过程中，当交换水不受自上而下的季节性冻结直接控制时，包气带中垂直水分交换过程出现在第一平面。当季节性冻结影响冻结层上水时，寒区水文地质动态效应（结晶-压缩效应，结晶-真空效应）则成为冻结层上地下水水体形成因素，该效应能引起水固态液态相位间变化。

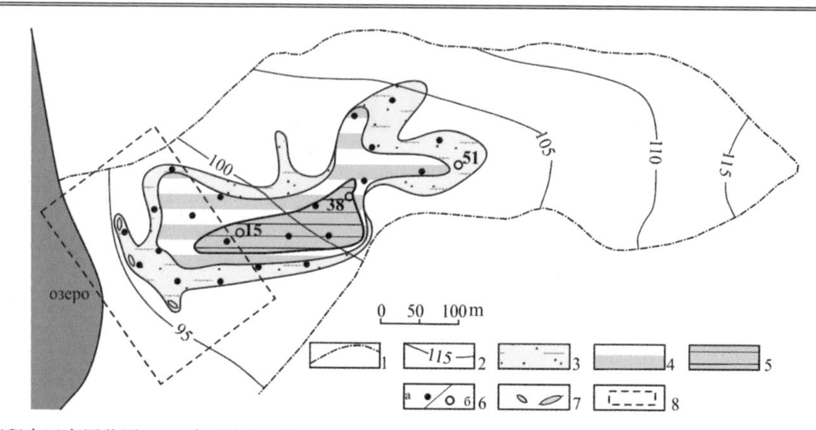

1—融区积水区表层范围；2—水平线相对标高；3—含水融区，水高度 h_B<1m；4—含水融区，水高度 h_B=1-2m；5—含水融区，水高度 h_B>2m；6—观测孔：a—勘探孔，6—监测孔；7—季节性隆起；8—冻结层上水泄流区

图 5.11　在冬季水位转折期，玛尔-恰贝达湖附近地区冻结层上斜坡融区剖面图（剖面 В.Бойцов，1985）（提示：左灰色区域为湖泊）

在冻结层上层滞水水文情势形成过程中，包气带水分垂直运移过程通常不是决定性的。季节性冻结层作为冻结层上层滞水的隔水层，其在夏季时会发生强烈的融化。由于这个原因，冻结层上层滞水水位会在夏季时期持续降低，一直到季节性冻结层完全融化和水分完全消耗（见图 5.12）。但是，当包气带具有很好的透水层时，可以在短期内提高冻结层上层滞水水位。在冻结层上层滞水水位普遍降低的情况下，类似的这种“上涨”现象通常在较大的或持续降雨后可以观测到。

在季节性融化层的水文情势中，不同季节包气带中垂向水分交换过程拥有不同的作用。夏季，这一过程对季节性融化层水水文情势形成不是主要的。例如，作为季节性融化层冻结层上水的主要形成因素，冻结层上层滞水在夏季从固态转化成液态时，会引起低温流体动力情势衰减类型冻结层上水的形成。夏季，季节性融化层水水位和冻结层上层滞水一样，在绝大多数情况下持续降低，只有积雪融水的入渗和丰富的大气降水能够使季节性融化层水水位提高一些，如图 5.13 所示。

冬季，如果季节性融化层冻结层上水不直接受到从上向下的季节性冻结影响，包气带中的垂向水分交换过程则对冻结层上水水文情势形成起着决定性作用。与夏季相比，相同条件下，在地面气温和地下水温之间，温度梯度差很大（达到 40 ~ 50℃/m），这就促进了季节性融化层水和包气带水分交换的高强度蒸发。同时，在大气湿度不足情况下，由于温度梯度因素，水汽流会自上而下运动。这加快了季节层冻结层上水资源的消耗，使冬季时期冻结层上水水位线剧烈下降（见图 5.14）。

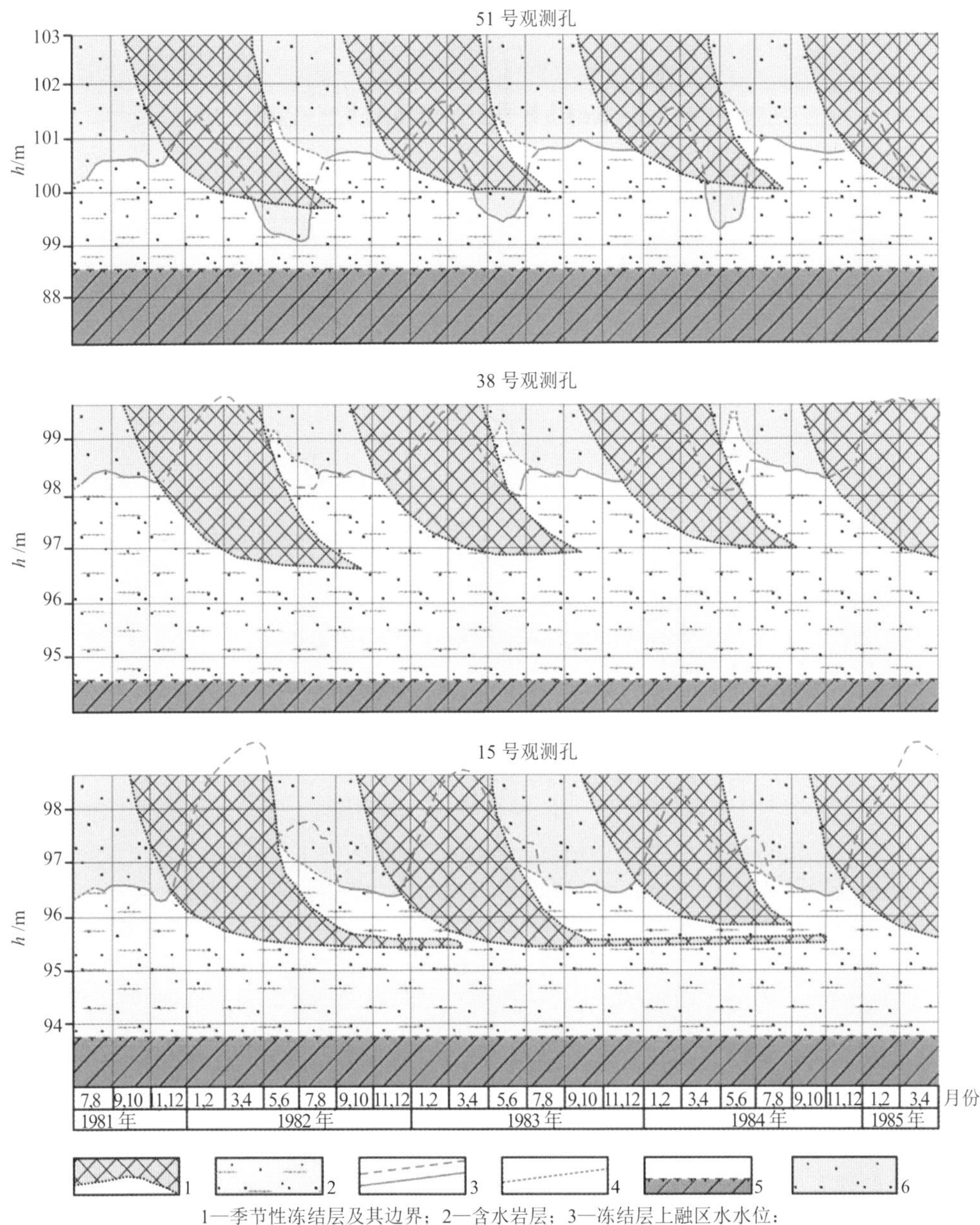

1—季节性冻结层及其边界；2—含水岩层；3—冻结层上融区水水位：
a —水压面；б —自由水头；4—冻结层上层滞水水位；5—多年冻结层及其分布范围；6—融区的不含水层。

图 5.12 季节性冻结层对冻结层上地下水的影响

必须指出的是，在包气带负温条件下，上升的薄膜水和气态水能够部分变换成固态，这促进了地下冰的凝华。上述过程的强度和规模，首先由水分以哪一种形式（薄膜水或气态水）转换决定。这一点取决于包气带岩性。

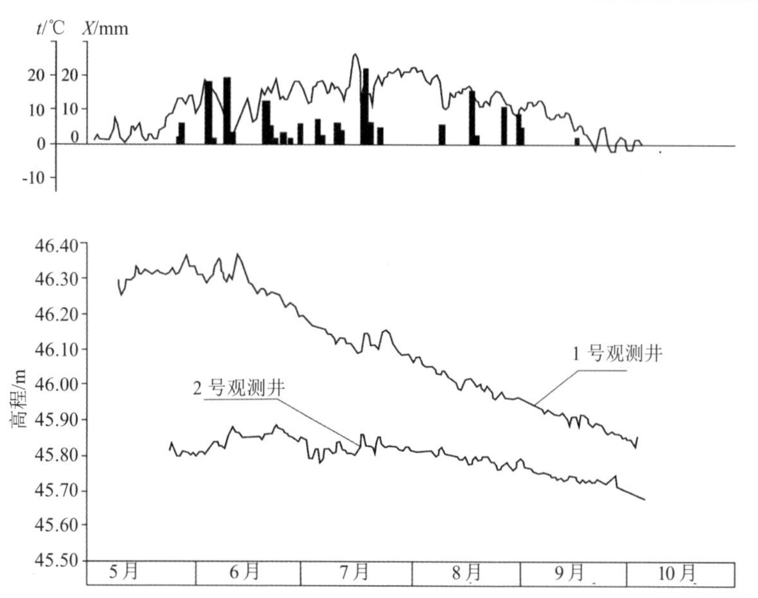

图 5.13　暖季时，季节性融化层冻结层上水水位变化综合示意图（雅库特中部地区）
（观测井 No.1 位于湖底；观测井 No.2 位于湖堤）

这样，当包气带渗透性较好时（如沙性的、卵砾石层等），水分交换以气态为主要形式，水汽通过包气带低于 0℃的冷冻部分时，能够直接转化成冰，也就是说，发生了凝华。也有一定数量的水汽通过包气带直达近地表大气中。因此，在水分以气态形式上升运移情况下，依据包气带岩层湿度变化，不能判断出迁移水分的数量。必须考虑到另外一种情况，在温度梯度条件下，冬季气态水汽交换强度比夏季的气态水汽交换强度低。可以这样解释，暖季水的相态变化过程（冰的融化过程，包气带中水蒸气冷凝过程）加剧了气态水分运移。冬季这样的相态转换，如水的结晶和凝华，减缓了水分迁移速度和水汽变换的效率。

这样，当包气带为弱透水性分散岩层（黏土、亚黏土、有淤泥沉积等）时，水分主要以薄膜水形式交换。在冻结层上水存在的整个冬季中，水分在包气带岩层中聚积。从冻结层上水水面到包气带水分交换强度取决于冬季的严寒度、岩层的组成和湿度、冬季的持续时间以及冻结层上水存在的时间和其水位埋度。

依据现有的实地观测成果，可以评估出，以薄膜水形式从地下水到包气带冻结层的水分交换数量大，强度较高。依据在前贝加尔地区亚黏土包气带中进行的渗漏测定计发现，冬季时期（122 ~ 156d），由于水分转移而积累的水 122 ~ 146mm，这种情况下地下水位线相应地降低 1.2 ~ 1.9m。类似上述情况证明：从地下水到包气带冻结部分的水分大量转移。这里包气带为弱透水层，在北哈萨克斯坦、西西伯利亚和欧亚大陆其他区域存在。

水分迁移过程中，因季节性冻结层发生凝华形成的地下冰，在暖季时会发生融化。融化水向下沿剖面入渗，补充了季节性融化层水、冻结层上地下水或者地下水。一些研究者指出，由于这类入渗补给的水本身就来自于含水层，只不过在冬季发生了结晶，所以这些研究者把这类入渗补给类型称为“虚假型”。但是，把这一类型归为岩石圈和大气圈之间的水循环中，会更合理。

因此，冻结层上水水文动态具有非常重要的特色。首先，水相态间的转换是这一特色的前提条件，例如：结晶过程和融化过程，升华过程和凝华过程，蒸发过程和冷凝过程。这些相态间的转换过程影响着冻结层上水水体的形成，并以整体的方式来影响随自然因素的时间和空间而发生变化的冻结层上水水文状况，如气象因素、水文因素、生物-土壤因素等。

5.3 冻结层上水的水化学特征

研究冻结层上水的许多学者，一直关注着冻结层上水的水化学特征。然而对这个问题目前认识尚不全面，还没有完全解决。首先是因为，和所有的浅地下水一样，冻结层上水的化学成分和矿物度是在诸多复杂的自然因素相互作用下形成的。这些自然因素包括气候因素、地质因素、水文因素、流体动力因素、冻土因素、生物-土壤因素等。

冻结层上水水化学形成过程，不仅受上述所列举的自然因素的直接影响，也受其间接影响。对冻结层上水化学成分的直接影响表现在：含有一定盐分的大气降水入渗补给冻结层上水；一定量的地表水、积雪融水和冰融水等下渗到冻结层上水含水层。需要指出的是，在大多数情况下，自然因素对冻结层上水化学成分的直接影响是局部性的。比如，地表水对冻结层上水含水区或含水层的强补给，基本上都出现在河流的河道范围内、湖泊、水库等地方。在有的地方，深水位的地下水也会流入冻结层上水含水层。

自然因素对地下水化学成分，尤其是冻结层上水化学成分的间接影响主要表现在：这些因素改变了溶解、浸析和沉淀，水分和盐分交换，吸附、离子交换、对流、扩散、热扩散、渗透、相变等其他发生在地下水系统的物理化学过程的强度。其中一些过程对于确定大区域内的冻结层上水的化学成分起着主导作用。活动层冻结层上水的化学成分是与地域差异紧密相关的，例如：在北海海岸附近和欧亚的北极群岛上，主要以海底阶地的沉积盐为主。这是由于沉积层中盐分的溶解，再加上坡度不明显，季节性融化层冻结层上水具有阳离子的碳酸氢盐和氯化物的混合特点，相对提高了矿物度。

在冰岩带山区，由于局部性坡度明显和大气降水入渗较浅，就形成了区域性的隔水挡板——多年冻结层顶部。由于冻结层上水的浸析过程强度增加，沉积层的冲洗度也随之提高。伴随着这个过程，在本地区形成了季节性融化层冻结层上超淡水，主要成分是碳酸氢钙。

这些反映自然因素对冻结层上水化学成分作用原理的物理化学过程、对冻结层上水水化学的形成也起着重要作用。在所有上述过程中，水液态固态间的相位转换过程对冻结层上水水化学状况起着最实质的和独一无二的影响。

许多学者通过研究发现了上述过程，即岩层饱和水冻结过程和饱和冰融化过程对于冻结层上水的化学成分和水化学动态影响的特点。关于水的相变对冻结层上水的化学成分和水化学动态作用的主要研究结果，进行了如下归纳。

在冬季冻结层上含水层或含水面发生冻结时，结晶—压缩作用下的水分和水溶性盐会产生低温挤压，从含冰区进入不冻结区。在这种挤压作用下，通常能很好地溶解水中的化合物（碳酸氢盐、氯化钙、镁和钠）。由于这些化合物，使正处于冻结状态的冻结层上水矿物度增加。那些化合物，如碳酸钙和碳酸镁，硫酸钠和硫酸钙，在温度达到 0℃或 0℃以下时，它们在水中的溶解度明显降低，在结冰区变成沉淀物。

冻结层上水的化学成分变化主要取决于其发源地的冻结层上水成分和矿物度，冻结的程度和强度，含水层和含水面的厚度，以及沉积层的渗透性和补给条件。例如，不含盐的碳酸氢钙冻结层上水在冬季冻结时，其阳离子会发生变化。在冻结初期，那些水的化学成分转为碳酸氢镁，在后期变成碳酸氢钠。在冻结层上水冻结时，随着矿物度的提高，在阴离子中可以产生明显的低温转化。例如，含碳酸氢钠的冻结层上水能转化为硫酸盐钠，而在冻结的最后阶段，又转化成了氯化钠。

在季节性融化层冻结层上水冻结的情况下，特别是水流缓慢和回水的情况下，冻结层上水的化学成分的变化和矿物度的增加可以最大限度地表现出来。在冬季冻结的过程中，冻结层上水矿物度能够增加 1 ~ 2 倍或更多。在冬季，冻结层上地下水化学成分低温的变质作用强度通常不是很明显。原因是同季节融化层水相比，冻结层上水含水层厚度大，在冬季时不会完全冻结。但是当冻结层上地下水径流很小或完全没有，含水层较薄，分部面积不明显时，每年冬季的冻结会逐渐明显引起化学成分的变化和矿化度的提高。

位于河床下融区的冻结层上地下水的状况处于这两种情况的中间状态。在这种环境下，冻结层上地下水的不会发生季节性冻结。但冬季的第一个月份，由于位于河流两岸的斜坡和阶地的季节融化层水的冬季冻结，冻结层上地下水会流入河床的融区，这时冻结层上地下水经常会发生矿化度的提高。在（11—12 月）活动层完全冻结后，冻结层上地下水的矿化度会有所降低（见图 5.14）。

在夏季，冬季冻结的含水层发生融化时，盐不会完全从固态变成液态。这是因为在冻结的含水层中，由于凝聚作用、脱水作用、沉淀作用及其他化学作用的影响，部分水溶性盐分形成新的化合物，会造成冻结层上水的盐分弱化。整体来看，很难评估暖季时冻结层上水化学成分的低温改造状况，这是由于在这个季节，大气降水和表层积雪融水入渗会对冻结层上水的化学成分、矿化度、水资源状况存在很大的影响。特别是涉及季节性融化层的冻结层上水，这类水一般水位不深，水体状况十分依赖暖季时大气降水的数量和强度。

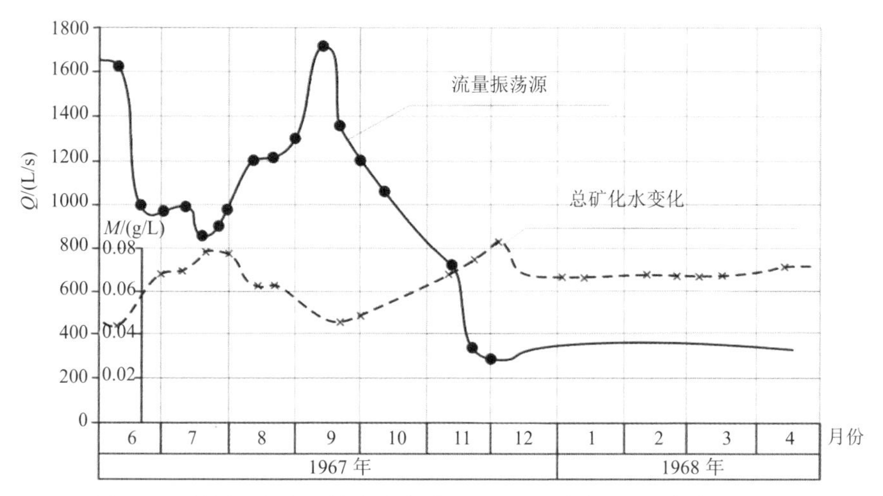

图 5.14 塔楞—尤利亚赫泉的流量（Q）及矿化度（M）变化示意图

矿化度的变化也依赖于大气降水，但是形式比较缓和。这种依赖性是在河谷中集聚的河床下融区冻结层上水所固有的。在春季的积雪融化期和秋季丰沛的降雨期，水流量（图 5.14）会急剧增长，在稀释作用下，矿化度达到最低。但是，当冻结层上水位于半包气带融区时，观测发现，其矿化度和化学成分受暖季水流量的变化影响不明显（图 5.15）。

在一年内，水液态固态间的相互转换过程对冻结层上水化学成分及矿化度的影响，主要与冬季盐分以集聚方式由冻结区向不冻结区迁移有关。把这种在冬季时矿化度的增长和化学成分的转换称之为盐分季节性的低温结晶机理。而夏季时，由于地下冰融化和积雪融水、大气降水入渗到冻结层上水的含水层，致使冻结层上水去盐化。

在一年中，蒸发、冷凝、凝华、升华过程对冻结层上水的化学成分和矿化度的变化有一定影响。这些相变过程会增强岩层包气带的水汽转移，影响冻结层上水的补给、径流和排泄条件，还影响冻结层上水的水位状况等。这些相变过程对冻结层上水的水化学动态影响，主要与岩层包气带水汽转移的特性有关。虽然文献资料中，关于冻结层和融化层的物理化学过程，以及水分迁移的共性有许多理论和实验性研究（Тютюнов，1951、1959、1960、1963；Лыков，1954；Нерсесова，1957；Ананян，1963；Шварцев，1965、1975；Боровицкий，1969；Иванов，1969；

Савельев, 1971、1989; Чистотинов, 1973、1974; Ершов и др., 1975; Ершов, 1977、1979; Никиитина, 1977; Гречищев и др., 1980; Анисимова, 1981、1985; Питьева, 1984; Федорова, 1985; Кожевников, 1987; Лебеденко, 1987; Макаров, 1989、1990; Дерягии и др., 1989; Алексеев С., 2000), 但是对于这个问题的研究还非常薄弱。

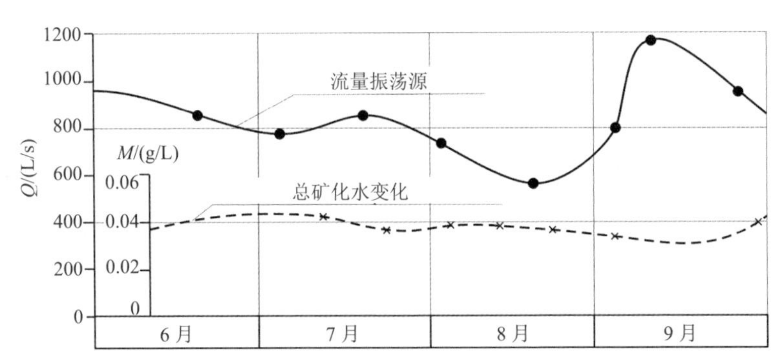

图 5.15　暖季时，穆古尔—塔楞（雅库特中部地区）泉出水量（Q）和总矿化度（M）的变化曲线图

在借鉴这些研究者们工作成果的基础上，首先是本章所提到的成果基础上，可以总结出不同季节包气带水分迁移过程对冻结层上水的化学成分和矿化度的变化影响特征。

在冬季，由于没有发生直接冻结的冻结层上水水分上升，致使其水量减少和水位降低。在这种情况下，冻结层上水的化学成分和矿化度变化的强度主要取决于岩石圈成分和包气带岩层渗透性。当包气带岩层的垂直剖面具有良好的可透性和均匀性时，气态是冻结层上水水汽转移的主要形式。克服水合作用力后，蒸气形式的水分子变成了与原来没有联系的离子，类似的水汽转移能引起冻结层上水化学成分的浓缩。

由于类似的冻结层上水矿化度的提高在冬季发生，因此作者将其命名为浓缩低温蒸发机理。借助于上升的水蒸气转移的基本数量、水交换条件、冻结层上水含水层的厚度和埋藏深度，可以确定冻结层上水的矿化度和化学成分改变的程度和强度。由于季节性冻结层的包气带岩层温度是 0℃以下，在温度梯度差的作用下，水蒸气能绕过了液态，直接转化成冰。因此土壤内的凝华过程，会加快蒸气形式的水分转移。然而随着露天的气孔和裂隙被凝华的冰所填充，蒸汽形式的水分转移只能够局部发生，或者全部被薄膜水所代替，从而在包气带重新分配。

对于在地势低洼等地形成的季节性融化层冻结层上水来说，低温—蒸发浓缩是其所固有的特性。在冬季时，对于冻结层上地下水来说，水化学成分的浓缩机理作用不是很大。这是因为，在冬季时，同季节性融化层水相比，冻结层上地下水水资源量更大。然而在低温—蒸发机理作用下，在冬季面积和厚度都不大的封闭融区中，冻结层上地下水可以发生化学成分的浓缩。在夏季，由于冷凝作用，以及融雪和雨水的入渗，冻结层上水的矿化度普遍很低。但是在一定地区，由于工业、日常生活或农业废物造成地表水污染，致使融雪和雨水的入渗不会降低冻结层上水的矿化度，反而会增大冻结层上水的矿化度，还有会使水中的个别化学成分出现积累的现象。

当包气带由渗透性弱的岩层（砂质黏土，黏土等）形成时，冻结层上水不受季节性冻结影响。在冬季，水分以薄膜形式从水表面向上迁移。在这种情况下，冻结层上水化学成分也会发生浓缩（富集），但它是以其他的物理原则为基础。当薄膜水迁移时，溶剂和溶质的运动并不是统一的，而是各自进行，因此它们的速度不同。而且当薄膜水作为溶剂时，它的运动速度则超过了其内部溶质的运动速度。这种迁移分异是由反向渗透现象所决定的。在水文地质化学中，该过程通常被称为过滤效应。该效应的作用大小，主要受包气带岩层的渗透性与吸收性，岩层温度，矿化度，地下水的原始化学成分，以及溶解在水中的离子的质量，半径和电位等因素制约。

当薄膜水的温度降低时，过滤效应的强度也有所提高。因此，在冬季的低温条件下，该效应会对冻结层上水的水化学状况产生很大影响。与低温—蒸发浓缩相似，就冻结层上水而言，这一效应可被称作冻结层上水浓缩的低温—迁移机理。

由于溶解于水中的成分离子和小分子质量化合物具有最大迁移力，可以这样认为，冬季，氯化物和碳酸钠、硝酸盐和亚硝酸盐在包气带岩层累积，因而冻结层上水将富含硫酸盐、碳酸氢钙、镁。

关于包气带岩层的水分迁移过程对冻结层上水水化学状况的影响，可以通过实地观测结果证实。例如，在 1986 年，作者对形成于勒拿河河漫滩阶地的季节性融化层的水化学状况进行了考察。通常在 6 月上旬，冻结层上水出现在由微粒组成的季节性融化层。季节性融化层水位的升高会持续到 6 月中旬，此时它会达到最大值。在接下来的夏季，季节性融化层的水位主要受夏季大气降水强度和降水量影响。9 月下旬，降水停止，且昼夜平均温度下降到负值，冻结层上水水位开始稳步下降，直到含水层完全枯竭。在整个周期，季节性融化层的冻结层上水水位变化的总幅度达到 76cm。

在研究场地，季节性融化层的冻结层上水的化学成分是碳酸氢盐—氯化钠。冻结层上水的最低矿化度出现在 6 月，冻结层上水最初的矿化度为 0.9g/L。矿化度的高速增长大约持续到 6 月下旬。而在下个月，它的变化则不太明显。自 9 月中旬，冻结层上水的矿化度持续升高，这种情况持续了整个冬季。从 8 月 11

日到 11 月 11 日，矿化度共增长了 1.54g/L。因此，冻结层上水化学成分不会发生显著变化，因为在整个冬季，冻结层上水的主要离子间的相互关系是一样的。季节性融化层水浓缩的低温-蒸发机理对研究场地的影响，主要通过示意图中水位与矿化度（图 5.17）之间的相互关系来判断。在夏初，可以观测到水位与矿化度之间变化成正比，这可能与融化的凝华冰，以及季节性融化层依靠这些水资源额外补给有关（图 5.17 的 AO 段）。然而，冻结层上水矿化度的增加使得其水位也相应地大幅升高。

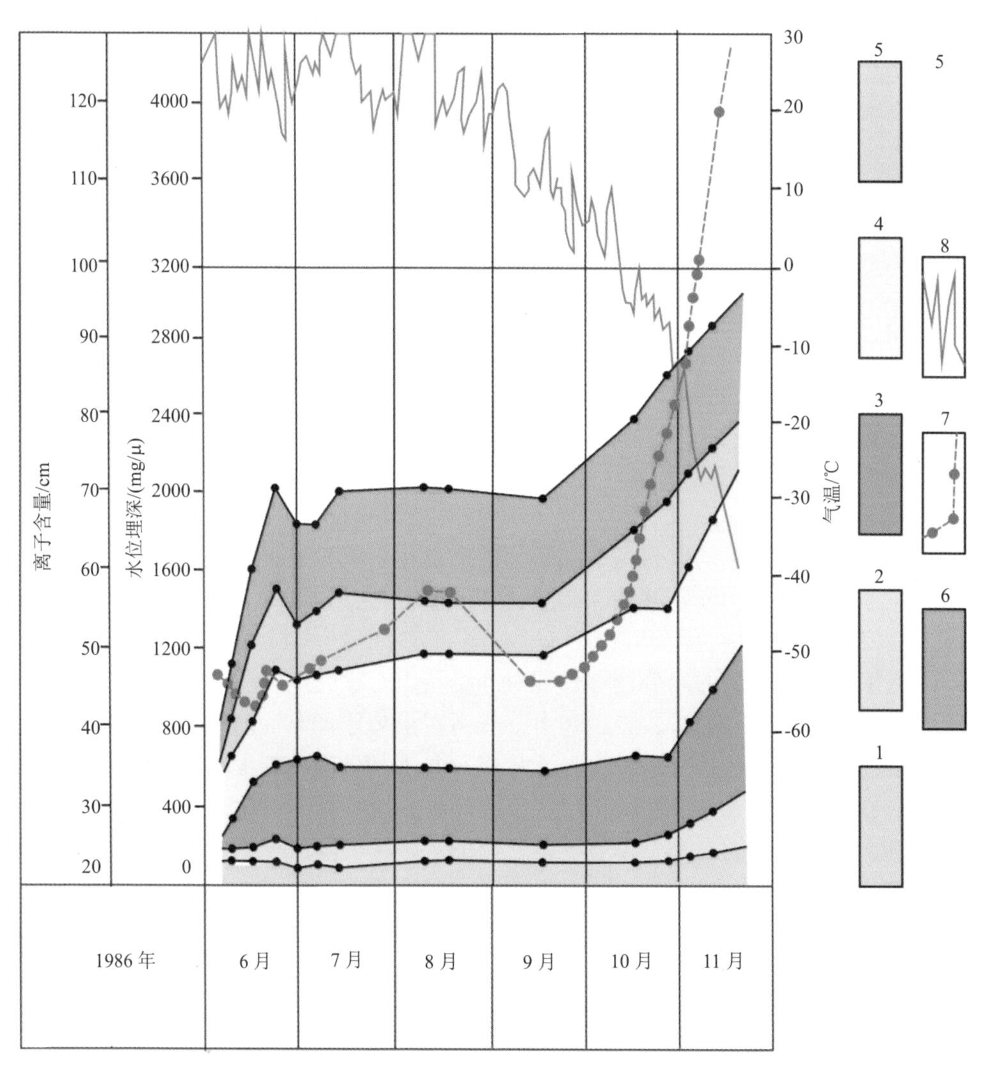

1～6—水中各离子成分含量的变化：1—Ca^{2+}；2—Mg^{2+}；3—Na^{+}；4—HCO_3^{-}；5—SO_4^{2-}；6—Cl^{-}；
7—季节性融化层的冻结层上水水位

图 5.16 季节性融化层的冻结层上水的离子成分变化综合示意图

在6月、8月、9月，水位与矿化度之间的正比关系受到大气降水的破坏。当昼夜平均气温为稳定的负值时，这种关系又将重新开始，然而它却具有除夏初以外的其他特征（见图5.17中的OB段）。在冬季，随着矿化度的增长，季节性融化层的冻结层上水水位不升反降。

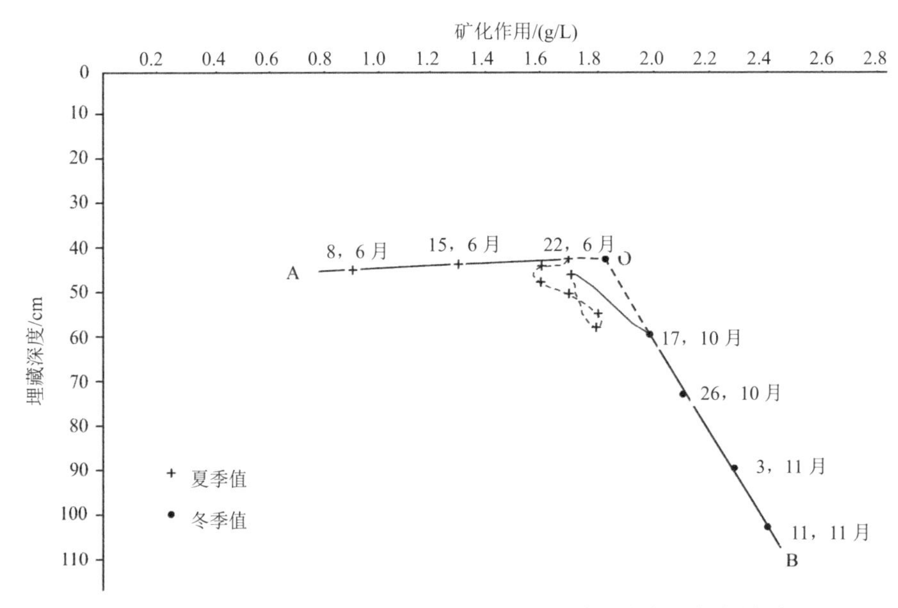

图5.17 季节性融化层的冻结层上水的矿化度与水位之间的关系

因此，在年周期上，冻结层上水的水化学动态的主要特点，很大程度是由水的相变和包气带岩层水分迁移过程决定。可以划分出3种主要的冬季冻结层上水的化学成分的浓缩机理。

（1）低温-结晶，由于水中易溶成分从冻结层上含水层的冻结区域迁移到不冻结区域而形成。

（2）低温-蒸发，由于气态水的上升流从冻结层上水表面，穿过渗透性好的包气带而形成的。

（3）低温-迁移，由于薄膜水的上升流从冻结层上水表面，进入弱渗透性的岩层（砂质黏土，黏土等）。在夏季，由于冻结层上融化的雪水、雨水、冷凝水（含无机盐较少）的入渗，冻结层上水的矿化度通常会减小。

还需指出的是，在一年内，冻结层上水的矿化度与化学成分的改变，除了受相变和包气带岩层内水分迁移过程的影响以外，毫无疑问，温度也是影响它们的因素。在一年内，冻结层上水水温的变化，使得它的水化学参数和指数发生了季节性变化（水中溶解性气体和同位素成分的含量、Eh、pH值、介电系数、水的表面张力等）。然而，目前对该问题的研究还十分薄弱。

5.4　冻结层上水的冰泉水特征

许多研究学者致力于研究地下水冰泉形成状况，其中，关于冻结层上水冰泉形成状况的研究尤为普遍（Петров，1930；Толстихин，1938、1941；Чекотилло，1940；Швецов，1951；Иевенко、Чистяков，1952；Калабин，1958、1960；Мудров，1962；Лыло，1964；Румянцев，1966、1967、1969、1982、1991；Чижова，1966；Дзень，1967；Пигузова、Толстихин，1967；Шульгин，1968；Алексеев В.，1969、1974、1976、1978、1987、1991、2008；Арэ，1969；Букаев，1969；Лебедев，1969；Некрасов，1969；Толстихин О.，1969、1974；Соколов，1970、1977、1986、1991；Башлаков，1972；Рябов、Полин，1972；Алексеев、Дзень，1973；Алексеев、Фурман，1973；Невский，1973；Федоров，1975；Алексеев、Сизиков，1976；Казаков，1976；Климовский，1977；Бойцов，1979、1983；Марков，1991；Верхотуров и др.，1998；Верхотуров，2000；Шестернев、Верхотуров，2006）。

尽管越来越多的人开始关注这一问题，然而目前对它的挖掘还不够深刻全面。针对这一现状，B.P.阿列克谢耶夫认为："主要原因在于：目前所设置的动态观测点数量有限，而且大部分观测点都是随机选择的，观测方法也不尽相同，冰层的固有特性一般也不计。由此，总体的或区域的观测结果具有局限性。"（Алексеев，1991，c.11）

基于对实际数据和个人的观测结果的分析，可以得出在一年期和多年期冬季冻结层上水冰泉形成的几个共有特征（Шепелёв，1972a、1973a、1973б、1975、1976б、1979）。

上文已经指出，地下水冰泉的形成首先受负温因素影响。负温因素主要对地下水的排泄有影响。换句话说，冰泉是一种冬季独特的泉水上涌泉。由此可以得出结论：冰泉的形成不仅依赖于冬季的长短和严寒程度，还受平均昼夜负温变化影响。

对于冻结层上水形成的冰泉来说，冰冻因素对它们的形成，影响十分复杂。这种情况主要是因为，冬季，在负温的影响下，埋藏不深的冻结层上含水层发生了冻结。这使得冻结层上水具有低温、静水压性质，冬季它的排泄得到强化；同时，由它形成的冰泉的水量和面积也有所提高。

我们对冻结层上水冰泉的形成进行了观察，其结果证实了冻土因素对冰泉的形成产生重要影响。详见图 5.18 冻结层上地下水形成的冰泉的综合发育曲线图。其中，冻结层上地下水源自外贝加尔-水量、面积不大的克拉克河的河底沉积层（Румянцев，1967、1969）。

在初冬（10 月）的结冰区，季节性冻结层的底部边界通常高于冻结层上水水位。因此，冻结层上水的排泄只靠水力梯度就可以实现。在此期间，增冰量不是很明显，因为大部分冻结层上地下水从河床下流走。冰泉的首次喷水一般始于11月，此时，季节性冻结层的底部边界达到冻结层上水的埋藏深度，冻结层上水具有了水压。冰泉再次喷水发生在冬末，此时，结冰区的冻结层上地下水具有低温静水压。

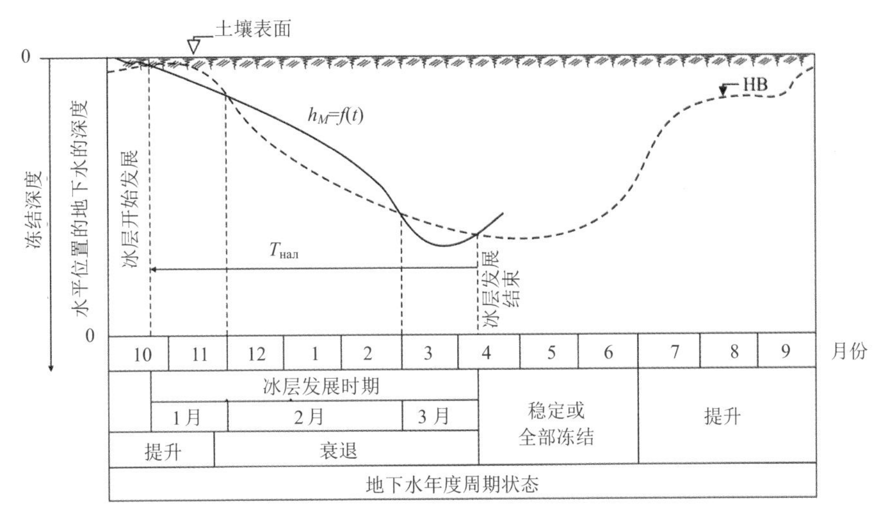

Y_{HB}—冻结层上水水位；H_m—季节性冻结层深度；t—时间；$T_{нал}$—冰泉发育阶段

图5.18 受冻结层上水和季节性冻结层影响的冰泉发育曲线图

通过分析实例以及其他观测结果，可以看出：在河谷中的冻结层上地下水冰泉形成的过程中，冰泉的形成过程具有双波峰特性，它有2个体积最大增长值[见图5.19（b）、图5.19（c）]。第一个波峰的形成与在河谷的河漫滩阶地上发育的，季节性融化层的冻结层上水的冬季冻结有关。第二个波峰的形成主要是由于结冰区岩层冻结，冻结层上水流的横截面最大限度地收缩造成的。

当由冻结层上地下水形成的冰泉位于河床区和河滩区以外时，在它的形成过程中，通常只有一个体积最大增长值，一般出现在冬末。在冬季前期，冰泉的增长强度相对较低，主要由于过境水沿着由冰泉形成的河道流淌[见图5.19（a）]。在冬季后期，由于河道冻结，河床下融区泄水能力大大减弱，冰泉形成的强度明显提高。在冬季后期，冰泉冻结所形成的冰锥约占总体的70%～80%。

在冬末，冰锥体积出现最大增量，这为定位（在水力梯度作用下排泄的）冻结层上地下水提供了有利条件。B.M.皮古佐娃与O.H.托尔斯基辛（1967）认为，冰泉体积的最大增量被计作冬季冰泉的出水量指数是合情合理的。根据增长值可以确定冬季临界期冻结层上地下水资源量。

$$Q_{冬}=\frac{k_f\Delta W_n^{\max}}{\Delta\tau_n^{\max}} \tag{5.23}$$

式中：$Q_{冬}$ 为冻结层上地下水资源量或冰泉冬季出水量，m^3/s；k_f 为水转换成冰时的体积变化系数；$\Delta W_n^{\max}$ 为冬季下半期冰锥体积最大增量；$\Delta\tau_n^{\max}$ 为冰泉体积出现最大增量的时间，s。

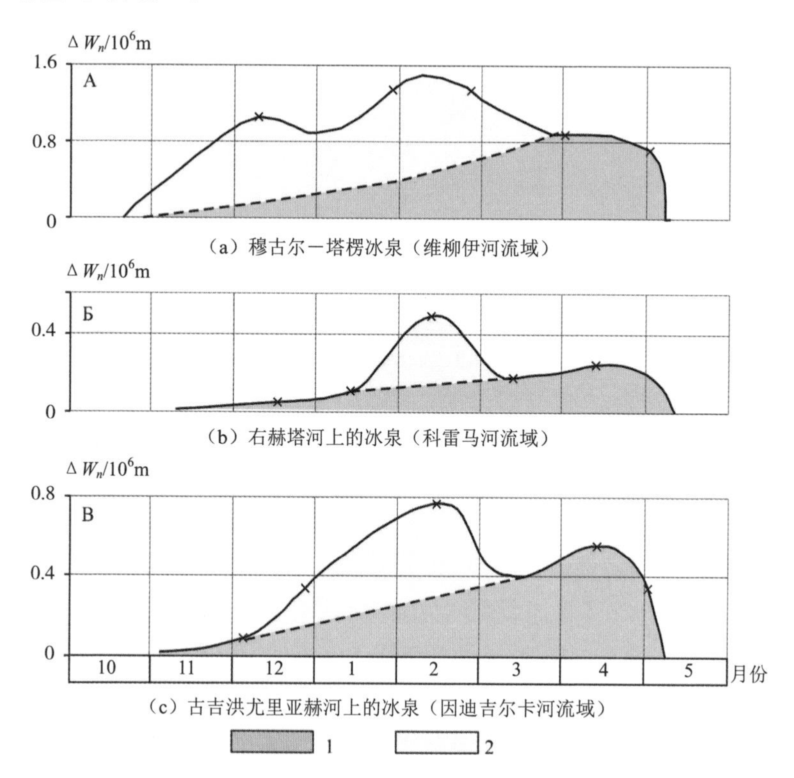

1—压力水势作用下冻结层上融区水形成的冰泉；2—受含水层冻结影响的冻结层上水形成的冰泉

图 5.19　各冻结层上水冰泉形成状况（$\triangle Wn$ 为冰泉体积增长值）

按照式（5.23），作者计算出了某些冻结层上和冻结层间地下水形成的冰泉的冬季出水量，将它与传统水文测验方法测量出来的夏季出水量作对比（表 5.4）。表 5.4 反映出的结果表明，地下水形成的冰泉的冬季出水量，与按传统水文观测方法测量出来的夏秋平水期的流量十分相近。必须指出的是，冬季泉水的出水量一般很难用其他方法确定，因为泉水结成的冰堵住了地下水的排泄口，大部分泉流以冰的形态蓄积。

关于季节性融化层的冻结层上水形成的冰泉的发展情况，上文在研究河谷区冻结层上地下水的冰泉状况时已经说明。然而，我们经常观察到这种情况——冰泉只由季节性融化层水形成，而没有冻结层上地下水的参与。

表 5.4 冰泉出水量对比（按冰泉指数及传统水文测量方法确定的）

地下水形成的冰泉	观测时期	根据式（5.23）计算的冬季冰泉出水量（$Q_{冬}$）/(L/s)	传统水文测量方法确定的夏季冰泉出水量（$Q_{夏}$）/(L/s)	$\frac{Q_{冬}}{Q_{夏}}$
布鲁斯	1964—1965 年	107	131	0.82
乌拉汗-塔楞	1964—1967 年	203	204	1.00
塔楞-尤利亚赫	1967—1968 年	703	1070	0.66
叶留尤	1973—1974 年	41	35	1.17
苏拉尔	1973—1974 年	13	27	0.48
穆古尔-塔楞	1973—1975 年	284	787	0.36

在冬季，季节性融化层的冻结层上水形成的冰泉状况，充分地反映了冻结层上水水文动态状况特征。据观测，大多数情况下，冰泉体积最大增量出现在 11 月份，有时出现在 12 月。这不仅与含水层的冻结强度有关，还与冻结层上水的极大储量有关。在冬季前期末，季节性融化层的冻结层上水形成了冰泉。通常，在冻结层上水枯竭时，冰泉消失。

随着春季的来临，冬季形成的冰泉开始受到破坏。除了冰泉与近地空气进行热交换外，流动的融水和迅水对冰锥的破坏十分显著。20% ~ 30%的冰泉受该因素破坏。冰泉的最大破坏强度发生在积雪覆盖锐减，河流通讯时期。冰泉与近地面的热交换也使其受到破坏，冰泉融化的温度系数平均为 3 ~ 5mm/℃（Шепелёв，1972a、1979；Пигузова、Шепелёв，1975）。

目前，对冻结层上水形成的冰泉的多年变化特性的研究还很薄弱。主要是由于在多年地质断面上观测的和已有的冰泉动态数据不足。这一问题的研究结果表明：冻结层上水形成的冰泉断面的多年变化特性主要受气候条件制约。许多研究者发现，在最寒冷的冬季，通常冰泉形成的强度很高，相应地，冰泉体积也达到最大。然而，这个规律是季节性融化层的冻结层上水形成的冰泉所固有的特征。对于由冻结层上地下水和位于河床区和河滩区以外的水所形成的冰泉，它们的多年变化性通常不大，冰泉多年平均变化的参数值相对有些偏差，但不超过 6% ~ 7%。

本节总体评价了关于冻结层上水形成的冰泉体积多年变化性的现有研究成果。需要指出的是，冰泉的形成强度受各年份气候变化特征的影响，具有复杂的非线性特征。这种情况也指出了未来研究过程的多因素性，以及综合处理问题的必要性。

第6章　人类活动对冻结层上水的影响

6.1　人类活动对冻结层上水的补给的影响

冻结层上水的补给条件,除了受自然因素的影响之外,还受人类活动的制约。后者主要包括：耕作（灌溉）区部分灌溉水入渗；其次，来自城市不同持压管道和蓄水系统水的渗漏，流向（土壤）活动层。

当农作区的灌溉量总是超过植物蒸腾和水分蒸发量时，灌溉水则成为冻结层上水的主要补给源。一些研究数据表明，灌溉水入渗量达到灌溉水总量的20%~50%（Гаврильев，1991）。因此，为了提高灌溉量效率，灌溉入渗损失量常常被预先考虑。这就可能导致活动层冻结层上水的水量大大增加，而且一年之中水量充沛的状态持续更长时间。在一些灌溉区，由于受灌溉水入渗影响，冻结层上水形成固定的含水层。

由于农作区广泛使用矿物肥或有机肥料，以及入渗补给量的增加引起了灌溉区土壤盐渍化和矿化。有时，还会形成冻结层上湿寒土，地下水呈负温状态。由于地下水的矿化度较高，因此冬季不冻结。

在城区和其他拥有发达的供水供暖系统的大型居民区，持压管道（供排水管网）和蓄水系统（如消防池、化粪池）的大量渗漏成为该地区冻结层上水补给来源（管道、排水干路等），渗漏的程度与系统管道的使用年限、技术状况、工作条件等因素有关。在许多城市中，持压管道长期和事故渗漏的总量占总用水量的20%~30%，毫无疑问，这是地下水重要的额外补给（Рекомендации…，1976、1983、1989；Подтопление…，1978；Прогноз…，1980；Подгорная，2007），然而，这也给城区带来了受淹和土壤盐渍化的严重问题。

在多年冻土分布地区，受淹灾害和土壤盐渍化成为亟待解决的问题。这是因为该区域存在低温隔水层，包气带较薄，水量相对较少；除此之外，在严寒的气候条件下，长年昼夜温差大、土壤温度变化大，出现了低温灾害（冻胀，热喀斯特现象），使得持压管道严重变形。上述所有原因都增加了排水管道系统、化粪池等发生长期渗漏或故障渗漏的几率。

由于管道渗漏，以及生活、工业废水渗入了岩层活动层，从根本上改变了冻结层上水的化学成分，同时也提高了冻结层上水的矿化度。这加剧了冻结层上湿寒土的形成，给城市中各种建筑物和结构物的使用造成不便，引起了热湿陷现象的发生。与此同时，也给城市绿化和公共设施建设、新项目施工等带来困难。

6.2　人类活动对冻结层上水文情势影响

目前，对冻土地区已开发区域冻结层上水情势所进行的观测工作还十分有限：一是因为此类作业劳动量繁重；二是缺乏在复杂的气候和冻土条件下进行观测的有效方法。从这一点来说，俄罗斯科学院麦尔尼科夫冻土研究所多年来在雅库茨克市和雅库特中部地区的一些农业项目中，对具有负温和高矿化度（湿寒土）的冻结层上或冻结层间水的形成条件和状况进行的研究极具有实践应用和方法指导的意义（Анисимова，1985、1990、1992、1996a、2002；Анисимова и др.，1989、1992、2005；Анисимова、Бойцов，2000；Павлова，2002、2006、2010；Анисимова、Павлова，2003、2005、2007、2009）。

这些研究结果揭示了在人类各种活动（如：公共管网渗漏，土壤受到有机化合物或其他化合物的污染，冻结层上水径流被路基破坏，施工场地填筑，房屋与构筑物在使用时造成冻土温度变化）的影响下，冻结层上和冻结层间湿寒土形成和变化的特性。例如，在一些研究地段发现：在地温年变化层（达 20m 深）存在两层甚至三层湿寒土，被多年冻土层隔开（见图 6.1）。这种成层现象的形成与湿寒土透镜体多年动态变化有关。这种具有负温，被矿化的地下水与下卧层和其周围松散冻土中的冰处于不平衡状态，由于浓度扩散作用，使其变成液相，沿剖面向下移动（见图 6.1，间隔 2 ~ 6m）。在最严寒的冬季，由于地下水向深处迁移，使湿寒土体积增大的表层部分形成多年冻结状态，因此形成了第二层湿寒土（见图6.1，间隔7 ~ 8m）。由于这一层含水岩层上部冻结，增加了湿寒土透镜体剩余部分的矿化度，出现低温液体静压力，加速了第二层湿寒土沿剖面向下和水平方向移动。随着冰的融化，湿寒土矿化度下降，土温降低，在这样发展过程中的某一阶段，会引起透镜体上部最冷的部分孔隙中的水冻结，从而形成第三层湿寒土（见图 6.1，间隔 17 ~ 19m）。

对雅库茨克市多年冻结层上和多年冻结层间湿寒土情势的研究表明：在一年中，湿寒土位置变化特征与未受人类活动破坏地区的多年冻结层上水的变化特征整体相似。甚至当多层湿寒土呈晶体状时，年周期内湿寒土的位置变化情况呈现同一类型。这主要由地面气温条件季节的变化性决定的。据观测，春季（4 月末，5 月初）昼夜平均温度超过零度时，不同深度的湿寒土层位置上升，这种情况会一直持续到暖季结束。当昼夜平均气温转向零下时（9 月末，10 月初），它们的位置开始下降，一直持续整个冬季。湿寒土位置不同，年变化幅度不同，下层（第三层）湿寒土变化幅度最小，而上面的（第一层）变化幅度最大。湿寒土矿化度值在年周期内变化复杂，整体上与它们的位置变化呈反向。

为研究人类活动对活动层多年冻结层上水情势影响特点，俄罗斯科学院西伯利亚分院冻土学研究所研究人员在作者的带领下，自 1993 年在雅库茨克市区开展了综合性水文监测工作（Шепелёв，1995б、1997б；Шепелёв、Санникова，2003；Санникова，2005；Стамбовская，2010；Shepelev，1998；Shepelev、Sannikova，2001）。

在三个城市行政区域内（萨伊萨尔，十月城，阿夫托多洛日）建立了两个试验场和六个水文监测站。在试验场对冻结层上水水位变化和化学成分，包气带温度、含水量和盐成分进行了监测。

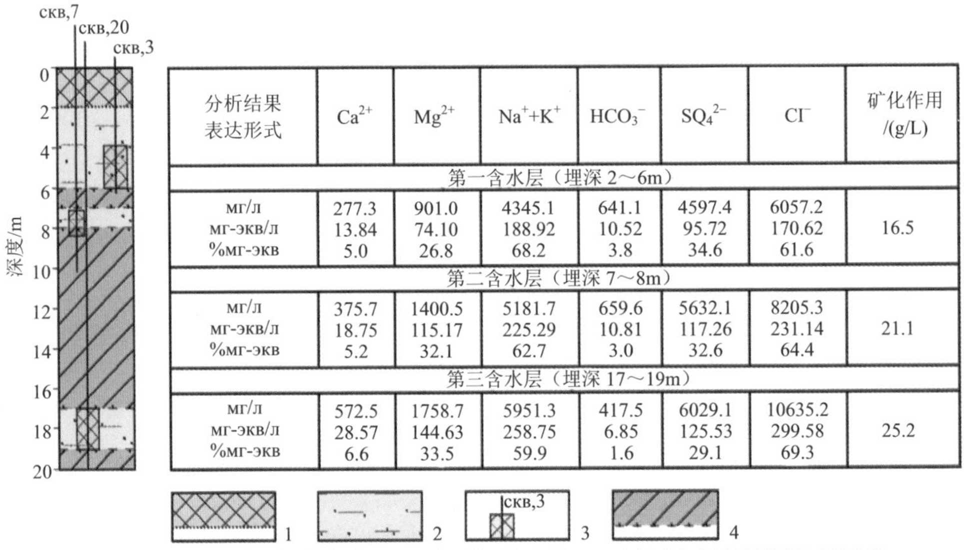

分析结果表达形式	Ca^{2+}	Mg^{2+}	$Na^{+}+K^{+}$	HCO_3^{-}	SQ_4^{2-}	Cl^{-}	矿化作用/(g/L)
第一含水层（埋深 2～6m）							
мг/л	277.3	901.0	4345.1	641.1	4597.4	6057.2	16.5
мг-экв/л	13.84	74.10	188.92	10.52	95.72	170.62	
%мг-экв	5.0	26.8	68.2	3.8	34.6	61.6	
第二含水层（埋深 7～8m）							
мг/л	375.7	1400.5	5181.7	659.6	5632.1	8205.3	21.1
мг-экв/л	18.75	115.17	225.29	10.81	117.26	231.14	
%мг-экв	5.2	32.1	62.7	3.0	32.6	64.4	
第三含水层（埋深 17～19m）							
мг/л	572.5	1758.7	5951.3	417.5	6029.1	10635.2	25.2
мг-экв/л	28.57	144.63	258.75	6.85	125.53	299.58	
%мг-экв	6.6	33.5	59.9	1.6	29.1	69.3	

1—含砂黏土、砂壤土的季节性冻结层；2—负温地下含水层；3—密封式水文地质井及相应滤水器；4—常年冻结含砂沉积层

图 6.1 关于冻结层上-间湿寒土各层化学成分含量剖面图（Н.П.阿尼西莫娃绘制，2004））

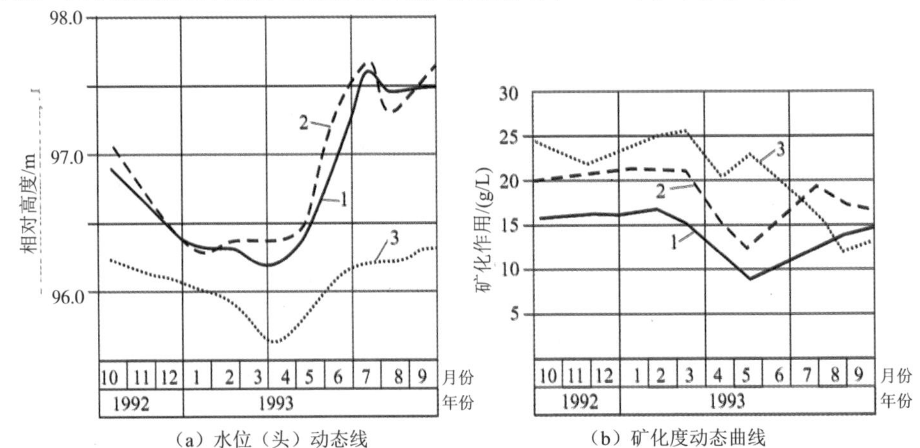

（a）水位（头）动态线

（b）矿化度动态曲线

1—第一含水层（埋深 2～6m）；2—第二含水层（埋深 7～8m）；3—第三含水层（埋深 17～19m）

图 6.2 分层地下水位（头）动态线和分层地下水矿化度动态曲线（Н.А.巴甫洛娃绘制）

水文观测点是在没有架空通风基础的采暖房屋（私人住宅、仓库、车库等）。综合观测项目包括冻结层上水水位测量，每月测量不少于三次；采取水样进行化学分析，每月取样不少于一次。所有水文观测点通过定位测量，确定为同一标高体系。截至 1997 年完成了所有规定的水文监测工作量，而在近年（由于雅库茨克市政府停止划拨这项工作的经费）水文监测工作范围有所缩减。

1 号试验场地（雅库茨克市萨伊萨尔区）得到的观测结果，见图 6.3。在绘制的综合图中，反映了沿包气带纵向剖面，岩层的主要参数（含水量、温度、盐渍度）变化特征，同样也反映了这些参数在完全冻结的水文地质环境下随时间的变化特征。

包气带纵向剖面中，岩层含水量与盐渍度变化是一致的。这些参数的最大值出现在冬季末期、夏季、和新一季冻结循环之初。深度为地下 0.4～0.6m 处，这一深度为亚黏土层。虽然同冬季相比，夏季无论是温度梯度值，还是含水量均发生变化。包气带纵向剖面的岩层含水量、盐渍度，与这些参数在弱透水层中表现出的最大值具有一致性。

在观测区发现，包气带的整个剖面被盐浸渍。孔隙溶液化学成分为：阴离子主要是氯离子，阳离子主要是钠离子。地下 0.6m 处，孔隙溶液的主要化学成分含量在不同时期会发生变化（见表 6.1）。

表 6.1　一年之中 1 号和 2 号试验场包气带岩层盐渍度与孔隙溶液中主要化学成分含量变化　　单位：mg 当量/100g

时期	Ca^{2+}	Mg^{2+}	$Na^{+}+K^{+}$	HCO_3^{-}	SO_4^{2-}	Cl^{-}	岩层盐渍度
	1 号 试验场（深 0.6m）						
冬末	1.052	0.701	7.423	0.689	2.510	5.977	0.557%
夏季	0.753	0.567	5.740	0.727	2.133	4.200	0.425%
初冬	1.046	0.500	5.903	1.054	2.228	4.167	0.448%
	2 号试验场（深 0.6m）						
冬末	2.084	1.666	1.161	2.514	1.660	0.737	0.267%
夏季	1.815	0.886	0.508	1.340	1.422	0.447	0.183%
初冬	1.611	0.797	1.375	1.456	1.616	0.711	0.221%

表 6.1 中提供的数据证明：无论是孔隙溶液中各化学成分含量，还是包气带中岩层盐渍度值，其最大值都出现在冬季末期。夏季这些参数值降低，而在冬季开始时又重新上升。在其他深度也发现了与此相同的变化特征，所以在包气带整个剖面范围内，孔隙溶液中化学成分、盐渍度都具有类似变化特点。

1 号试验场在夏季时，冻结层上水的化学成分与包气带孔隙溶液的化学成分相似。它们的矿化度为 15.6～18.2g/L，含有氯离子和钠离子。

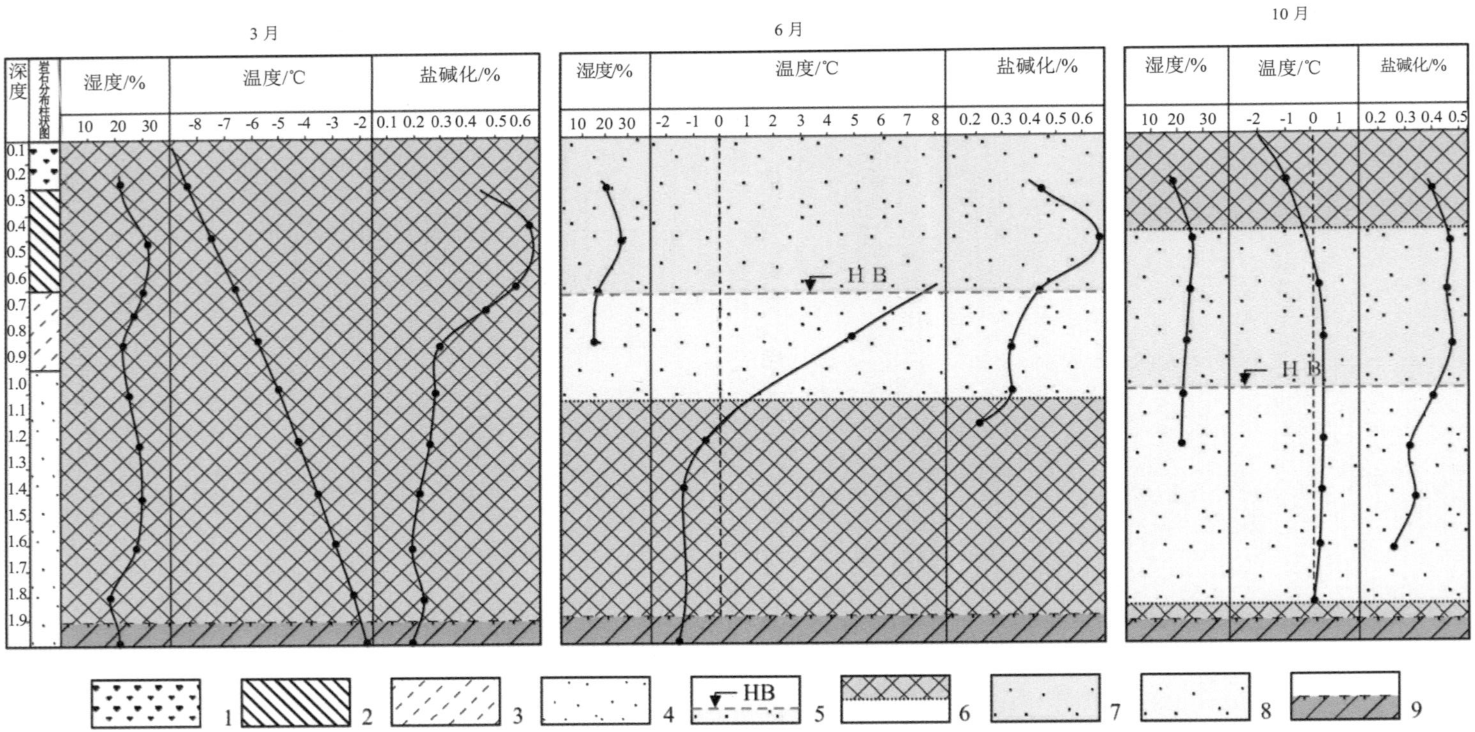

1—土层；2—砂质黏土；3—砂壤土；4—砂；5—季节性融化层的冻结层上水的水位；6—季节性融化的岩层及其边界；7—季节性融化的非含水岩；8—季节性融化的含水层；9—多年冻结岩层及其顶部边界

图 6.3　在一年内不同的月份，第一试验场地透气岩层湿度、温度和盐渍度变化综合图

2 号试验场（雅库茨克市十月区）包气带纵向剖面的含水量、温度和盐渍度在一年中的变化完全与 1 号试验场相同。同样地，含水量与盐渍度变化也具有一致性。在整个观测期内，这些参数的最大值出现在 0.6 ~ 0.8m 处，这一层为密实亚砂土。

通过对比，2 号试验场包气带整个剖面盐渍度小于 1 号试验场，且孔隙溶液的化学成分也与 1 号试验场不同，阴离子主要是碳酸氢根，阳离子则是钙离子（见表 6.1）。

表 6.1 中提供的数据证明：在 2 号试验场地，包气带岩层的总盐渍度与孔隙溶液中各化学成分含量，在冬季末时拥有最大值，在夏季时具有最小值。

2 号试验场季节融化层冻结层上水化学成分与包气带岩层孔隙溶液的化学成分不同。夏季，冻结层上水中含有的主要阳离子是氯离子，而阴离子主要是钠离子；在初冬，随着矿化度值少量下降（从 1.8g/L 降到 1.6g/L），冻结层上水的化学成分会发生一些变化。冻结层上水主要化学成分变成碳酸氢钠。

2 号试验场中的冻结层上水的化学成分之所以不同于包气带孔隙溶液的化学成分，是因为该地区的城市给水系统发生故障渗漏。冬季，这部分渗漏的淡水存在于 2 号试验场内，冻结后形成了厚度不大的冰锥（溢流冰）。在春夏季，冰锥融化成水，则向包气带岩层中入渗，使一些地方盐分淡化，进而剖面上部孔隙溶液的化学成分发生了改变。夏季末时，入渗水流达到包气带下边界。因此季节融化层冻结层上水得到淡化，且其主要化学成分由氯化钠变成碳酸氢钠。

试验场上进行观测的结果说明：尽管两个试验场的岩层成分、湿化原因、局部人类活动破坏程度以及季节性冻结层、季节性融化层底部温度等各有不同，但可以发现，在两个试验场中，包气带岩层的湿度变化与盐渍度的变化关系密切。图 6.4 是根据在 1 号、2 号试验场得到的观测数据绘制而成，反映了包气带岩层湿度与盐渍度的关系。包气带岩层物理化学特性参数之间存在完整的线性关系。

在许多条件不同的场地均出现了此类情况，这表明：无论是湿度场，还是孔隙溶液的浓度场，存在于包气带中主要是势能传递值。可见，此包气带岩层的湿度值和盐渍度值主要由它边界的外部条件决定，在这种情况下，随着岩层水分、化学成分的纵向迁移，其径流迁移呈递降或递减趋势。

包气带纵向剖面范围内的岩层湿度与盐渍度分布特点，主要由岩层成分决定，不反映质量传递速率（质量通量）。

通过对雅库茨克市进行的综合水文监测，可以探明雅库茨克地区一年之中活动层冻结层上水水位状况与水文化学动态变化的特性（见表 6.2）。水文观测站冻结层上水位置变化，见图 6.5。

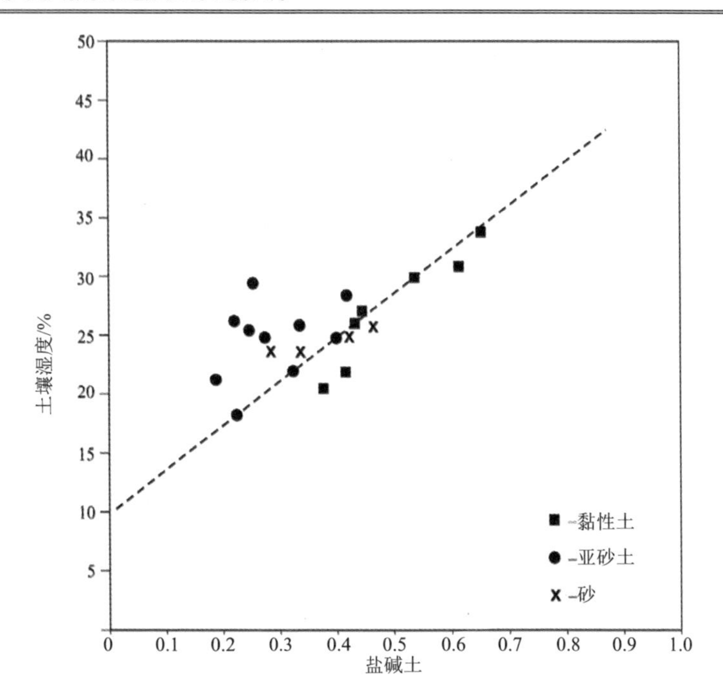

图 6.4 试验场中包气带岩层湿度与盐渍度的关系

表 6.2 雅库斯科市市区各观测站季节融化层中冻结层上水水位变化幅度

时期	水文监测站					
	K-1	K-2	K-3	K-4	K-5	K-6
4 月	—	25	12	—	—	—
5 月	—	47	22	—	—	—
6 月	45	14	12	12	39	—
7 月	3	—	18	4	8	—
8 月	23	7	17	4	29	—
9 月	9	50	63	9	19	33
暖季	47	107	92	15	48	33
10 月	—	—	38	6	21	24
11 月	—	—	—	—	15	—
冷季	—	35	50	6	51	24

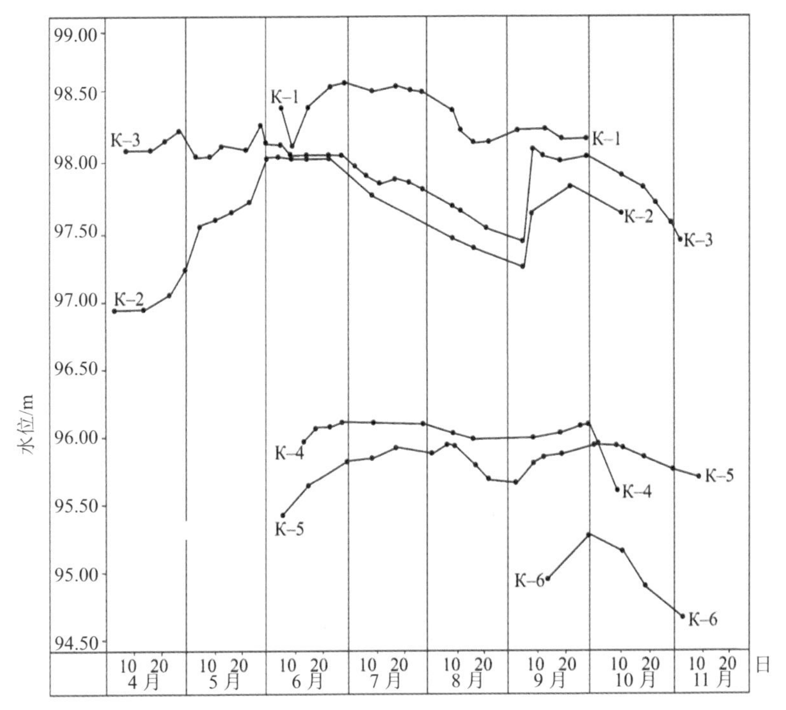

图 6.5 1993 年冻结层上水水位动态曲线（据水文状况研究所）

通常在每年 6 月初，季节性融化层中出现冻结层上水。然而早在 4 月，K-2，K-3 观测站的观测井便已被融化的雪水填满。在整个夏季，冻结层上水的水位是由下部低温不透水层的季节性冻结层顶板退化位移，以及大气降水强度和持续时间长短决定的。

在整个夏季，活动层冻结层上水水位变幅较大（92 ~ 107cm）。在不同的水文观测站，月水位变化幅度达到 3 ~ 63cm，最大值出现在 9 月，最小值则出现在 7 月（见表 6.2）。当昼夜平均气温为负温时，观测到冻结层上水水位稳定下降，直到水量完全耗尽，即持水层枯竭。在 10 月和 11 月，一些观测站的月水位下降幅度达到 50 ~ 51cm。这表明了冻结层上水年变化幅度与岩层包气带的厚度之间存在某种关系（见图 6.6）。冻结层上水水位变化幅度最大值（95 ~ 107cm）出现在包气带厚度较小的地方，而最小值（15 ~ 36cm）出现在包气带平均厚度较大处。

年周期内冻结层上水水文情势变化具有一定特征。所有水文观测站的冻结层上水的化学成分均没有发生根本改变，而盐渍度总值变化却很大。甚至当盐渍度值增大到原来的 1.5 ~ 2.0 倍时，冻结层上水中各主要离子间的比值仍保持不变。在各观测站和观测井中，季节性融化层的冻结层上水的盐渍度，在一年之中不同时期的变化幅度值，见表 6.3。

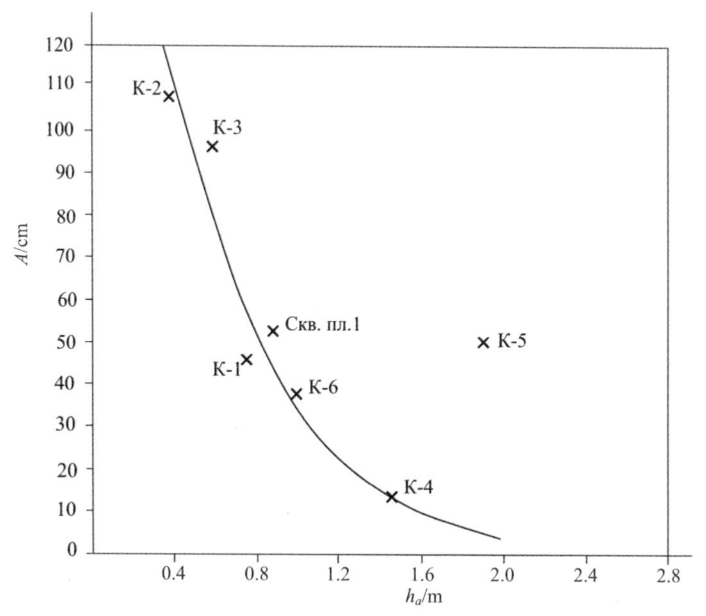

图 6.6 季节性冻结层的地下水位波动幅度与透气融层的厚度（据实测）

表 6.3 雅库斯科市市区各观测站季节融化层中冻结层上水矿化度年变化幅度

时期	水文监测站 /（g/L）						
	K-1	K-2	K-3	K-4	K-5	K-6	1 号试验场观测井
4—9 月	0.1	1.6	1.7	0.7	0.1	0.0	3.3
10—11 月	—	0.4	—	—	0.3	—	—
整个观测期	0.1	1.6	1.7	0.7	0.3	0.0	3.3
矿化度平均值	4.4	3.5	1.6	2.2	3.0	0.8	17.0

得到的数据证明：冻结层上水盐渍度变幅与总的溶解物平均浓度值之间无明显关系。在整个观测期间，没有发现冻结层上水盐渍度变幅与其水位变化存在明显关系。这主要是因为人类活动对冻结层上水的质量组成的影响程度不尽相同。譬如，在 K-2、K-3 观测站，人类活动对冻结层上水水文状态的影响多是来自持压工程管道和排水系统化粪池的事故渗漏和长期渗漏，路基填土阻断冻结层上水径流等。正是在上述地方监测到了冻结层上水盐渍度年变幅的最大值。

在雅库茨克市区的研究地段，人类活动严重影响着冻结层上水多年情势的形成。众所周知：地下水多年水位变化幅度和季节水位变化幅度的比值是表明其自然情势破坏程度的最准确的信息参数（Коноплянцев、Семенов，1974；Семенов、Батрак，2001）。在这种情况下，冻结层上水自然情势受人类活动破坏程度可通过相应 k_h 系数来表达：

$$k_h = \frac{A_m}{A_c} \tag{6.1}$$

式中：A_m 为冻结层上水水位多年变化幅度；A_c 为冻结层上水水位季节变化幅度。

根据该系数，可以判断人类活动对冻结层上水天然情势的破坏程度（见表 6.4）。

表 6.4　根据 k_h 系数来确定冻结层上水人为破坏程度

k_h 系数	人为破坏程度
<0.5	非常低
0.5~1.0	低
1.0~1.5	中等
1.5~2.0	高
>2.0	非常高

图 6.7 给出了 1993—2007 年，K-5 水文观测站活动层冻结层上水在冬季来临前水位变化曲线。在多年观测期内，冻结层上水变化幅度（A_{m7}）远大于其水位季节变化幅度（A_c）。该地区的冻结层上水遭受人类活动的破坏程度较高（k_h=1.6）。由图 6.7 可知，人类活动对冻结层上水水文动态情势产生最严重的影响始于 2001 年。这可能是由于该地区出现过管网故障渗漏，且未被及时处理，或由于筑路填土破坏冻结层上水径流通道，或由于公路排水设施损坏。

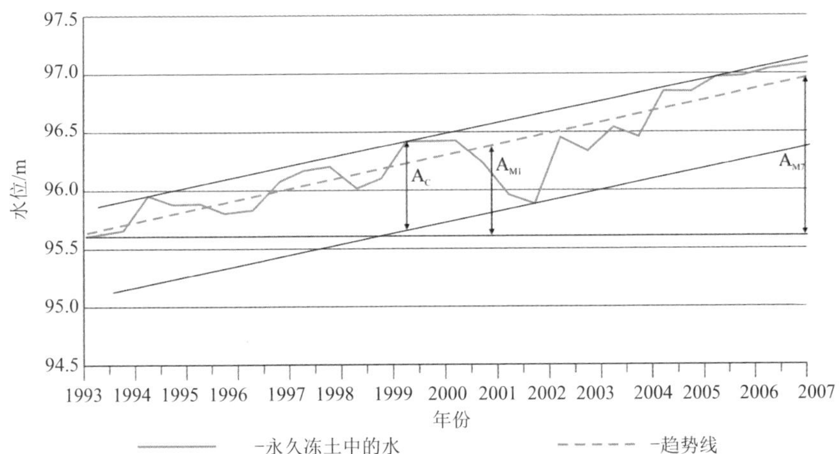

1—地下水位 CTC；2—变化趋势；A_C—季节性水位波动幅度；A_{m1}—（1993—2001 年）多年地下水位波动幅度；A_{M7}—1993—2007 年的多年地下水位波动幅度

图 6.7　冬季之前地下水位多年变化曲线（据水文状况研究所）

因此，虽然人类活动因素产生的影响呈局部性特征，但却使冻结层上水年水文情势、多年水文情势发生本质性变化。这一点也说明：在冻土地区进行工程地质勘察时，为了防止冻结层上水淹没已开发地区，必须考虑人类活动因素的影响。

6.3　冻结层上水地区实用排水措施

如今，冻土地区的许多居民区正面临着被冻结层上水浸淹带来的诸多不便。这个问题产生的严重性我们以目前建在永久冻土上最大的城市——雅库茨克市为例进行说明。

在雅库茨克地区，土地受到浸淹已不新鲜。自 20 世纪 60 年代，从大规模开发建设开始，到设施完备砌体结构建筑投入使用后，这类问题就纷纷涌现。由于生活、生产用水总量增加以及外部供水、供暖系统、管网的扩大，导致每年持压管线发生故障渗漏的总量持续增加。

随着多层住宅和工业建筑建设的规模和节奏加快，开发建设湖泊洼地的空地成为必然。这些湖泊洼地多为 U 型洼地。人们把填平洼地、建设房屋作为首选，这给城市内自然排水带来困难(Шепелёв、Шац, 2000; Шац, 2008; Шац、Сериков, 2009; Павлова、Серикова, 2010)。

在建设大量砌体结构房屋的同时，人们还对道路进行改造，铺浇沥青。在雅库茨克市特殊的气候和冻土条件下，路基起到了低温阻塞物的作用，这完全切断了城市区域冻结层上水的径流通道，使这些水的分布呈点状。除此之外，道路铺浇沥青，建筑物四周与房屋下面的空地浇筑混凝土，这从根本上减少了水分的蒸发，大大减少了城市区域水平衡的支出项。

雅库茨克市区发生浸淹，促使有害低温作用的形成与发展，如热潜蚀、热侵蚀、冻胀、热喀斯特等作用，它们对房屋、公路构筑物、地下管道、及其他类工程的地基稳定性造成负面影响（见图 6.8）。

图 6.8　由于供热系统大范围漏水，造成侵蚀加快，导致沥青路的毁坏（雅库茨克市）

在矿化的冻结层上水分布地区，低温作用发展得更为迅速。这些水在多年冻土层下的渗漏引发了湿陷现象，以面的形式发展，加大了市区沼泽化程度，并形成热喀斯特湖。因此，最近十年内，在城市西北，形成了一个很大的湖，被称为新湖。由于热侵蚀作用，这个湖底以每年 2 ~ 4cm 速度下降。而湖面则以 1.5 ~ 2.0m/年的速度持续不断地缩小（Григорьев и др.，1997；Шепелёв，1997б）。

矿化的冻结层上水的广泛分布也是城区无法进行绿化的主要原因之一，当植物根部生长到这一水位时，植物就会死亡。这些植物只在有排水的地方才能存活（如沿城市防护堤，在铺设有地下疏水集管的街道上，在勒娜河第二阶地的高处等）。

虽然雅库茨克市区浸润和受淹问题早在 40 年前就已出现，但这一问题没有根本解决。设置在城市街道旁的路面敞开式混凝土排水沟，由于在建设时没有考虑到气候特点、冻土水文地质、地貌条件的影响，导致这些排水沟不能实现排水功能，而很快就被破坏掉变成垃圾场（见图 6.9）。由于没有组织地收集和排出由屋顶流下的大气降水，加剧了冻结层上水入渗，使居民区内受淹，出现房屋与建筑物地基的不均匀沉降和变形。

图 6.9　由于降雨使下水道水位发生变化，导致裸露在外的混凝土受到破坏，发生变形和破坏，由此引起了季节性膨胀和土壤的塌陷

唯一被广泛应用的防止城区受浸淹的方法是采用外运土来填筑。因此，在每一份总平面图中都有一条标准说明:“当建筑时,必须全部或选择性地进行填筑。”依照这一建议，施工人员虽然采用外运土对场地进行填筑，却不考虑总的城市规划，不遵守统一标高，以及地表水、冻结层上水水流方向的坡度。因此一些旧建筑，特别是建在私人地块上的旧建筑，就处在了人为制造出的洼地上，冻结层上

水加重了它们受浸淹的程度。在城市道路和设施完善改造时，也会大量采用外运土进行填筑的方法。例如，在一些道路的路基剖面，浇筑了多层沥青，这些沥青层之间被外运土层分隔。这就导致个别路面的高度相当于旧房屋屋顶一楼的高度。

所有上述所说无疑说明：必须立即采取有效措施，解决城区排水问题，否则危机很快转变成灾难。

目前，无论是在雅库茨克市，还是其他位于多年冻土区的大型居民区，防止区域受浸淹的工作变得愈加困难，其主要原因如下：

（1）由于严寒的气候条件和复杂的冻土水文地质条件，无法采用标准定型的排水结构物和雨水排出系统。

（2）区内的工程建设，包括地下电缆设施水持压管道、天然气和其他城市管网，大大增加了排出冻结层上水最优方案的应用难度。

（3）按照保持冻土冻结状态原则建造的房屋、路基，及施工场地填筑对冻结层上水径流有很高的调节作用，这使得排水设施完成其正常的功能变得困难。

（4)由于生活生产用水量的不断增加,使现有的城市排水管道疏水负荷过重，无法将水全部及时排出。

（5）冻结层上水在所谓的“文化层”发挥着作用。“文化层”是指采用外运土覆盖在各种垃圾堆、污水坑、废弃的坑洞、甚至古老的坟地上。“文化层”土壤渗透性不均给排水系统的运行造成极大的困难。此外，其盐渍化程度高，腐蚀性强，被污染的有毒和含有细菌的冻结层上水不允许未经预先净化直接排向城市地表水流和水池中。

（6）从冬季到春夏季，因持压管线的故障渗入到土壤中的水，额外补给了冻结层上水，并进行了再分配。在冬季，几乎所有因故障发生渗漏的水全部聚积、冻结，形成人为的冰锥。在暖季，它们的融化增加了水平衡中的收入项，增大了城区浸润程度。根据观测结果，在雅库茨克市区，冰锥融化径流层厚度每年平均为 55mm，个别区域达到 200mm/a（(Курчатова，1996)。

上述存在的问题表明，在冻土地区防治被建区域浸润和受淹工作具有极大的难度，同时也说明应从冻土、水文地质和工程地质角度综合考虑，提出合理科学依据，制定实用的保护措施。

根据前文所述：探明在多年冻土中，包气带的水分变化具有特殊性和冻结层上水形成规律和情势变化规律，建议在已建设区域采用综合的排水系统(Шепелёв，2007б；Попенко，2007)。

这套排水系统把雨水和季节融化层冻结层上水排水相结合起来，同时考虑地表雨水径流和冻结层上水径流之间的密切关系。

实用综合排水系统主要包括：总排水管、主（街道）排水管和分区（街区内）排水管（见图 6.10）。

总排水管：铺设总排水干管是第一步，目的是将水从疏水区域引出。总排水管应沿主街道，按着地面的自然坡度进行铺设。

总排水管应采取暗埋形式，这是为了延长其使用年限，同时保证安全有效地收集和排出疏水区域雨水和冻结层上水。暗埋式的总管可以设置在地下深处（达到 4.5 ~ 6.5m），进而保证自流入和自流出。总管上面覆盖渗透性较好的土（碎石、砾石）。

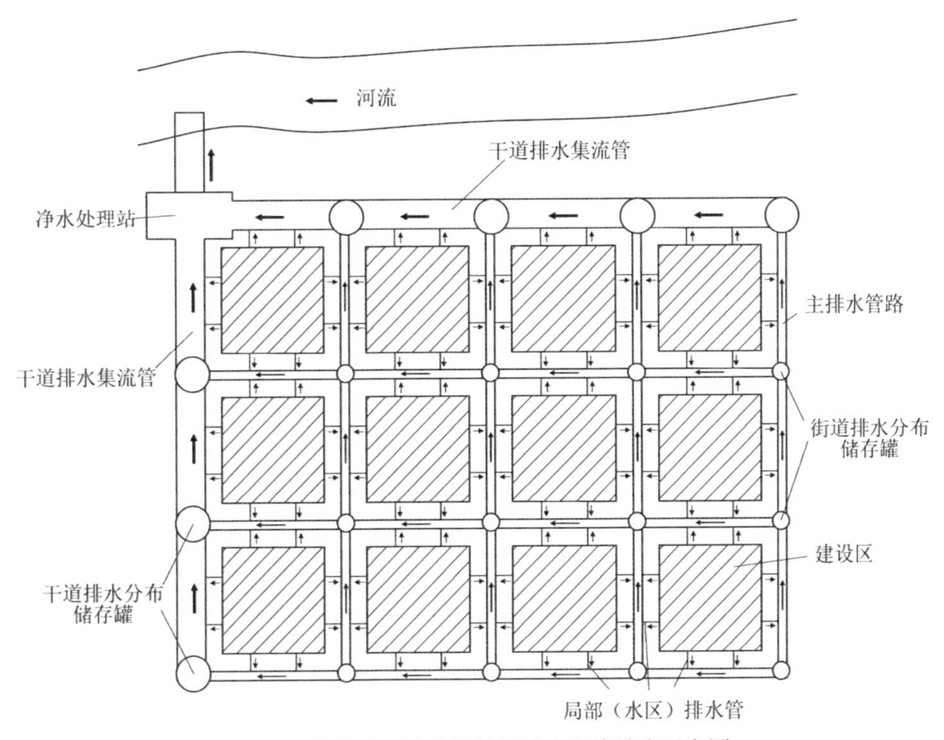

图 6.10　自排水泵建设区地上冻土汇流综合示意图

该总排水管的结构特点（图 6.11）是直径不小于 800 ~ 1000mm 陶瓷管或聚合物管材。管子上半部分凿有圆形孔或条形孔，上面覆盖过滤性功能的材料（玻璃纤维，岩棉）。这样的结构可以保证总管发挥其疏水功能。管子下半部分不用凿孔，便于水排出。春季时，当融化雪水进入总管内，而周围土温处于 0℃以下，为防止其在总管内冻结，应在总管内铺设加热电线。

为了保证水沿着总排水管自由排出，必须配置专门的配给容器（见图 6.12）。配给容器的结构能够保证必要的坡度，使水流在总管内顺畅通过。在暴雨期或当融化雪水径流加大时，可以抽出配给容器内的水。此外，利用这些配给容器，可以对整个排水系统进行冬期前维护。在冬季初，用泵将配给容器内的水抽出使配给容器之间的距离应保证水自流保持一定坡度（不小于 0.005）。

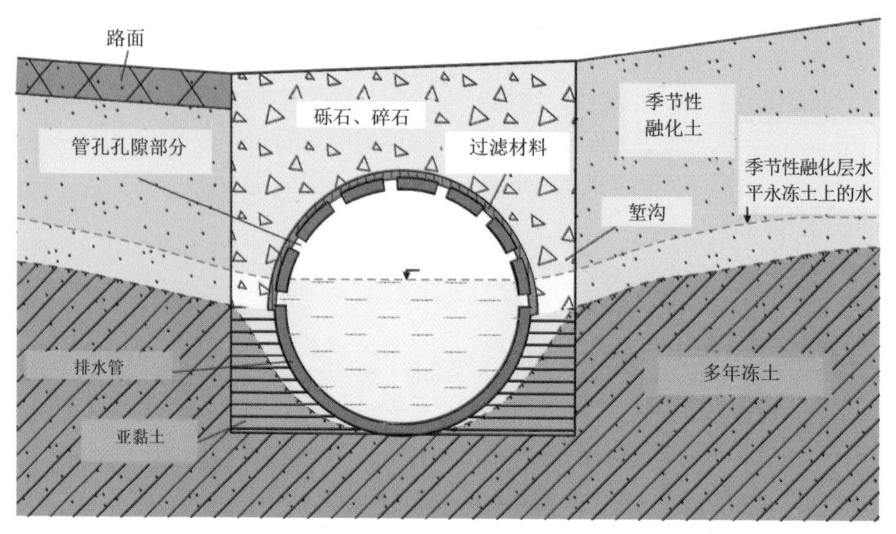

图 6.11　狭缝中排水收集器的设计模式

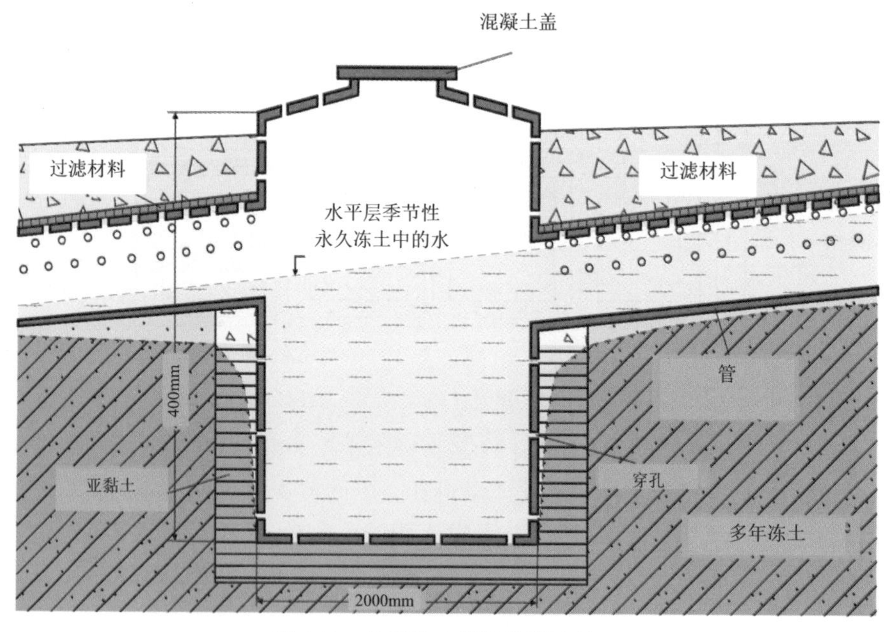

图 6.12　地下排水管道的泄流能力

主（街道）排水管：收集雨水径流和冻结层上水径流，并将其引至总排水管。结构上，主排水管与总排水管可能相同，区别只是前者管径小些（300～500mm）。

街道排水管应配有加热电线，用来融化在冬季和春季时可能在管内结的冰。沿着街道排水系统也可以配置小尺寸的配给容器，为雨水和冻结层上水流动创造必要的坡度。

分区（街区内）排水管：收集街区和各个大型建筑物的雨水和该处的冻结层上水，并将它们引向主（街道）排水管。结构上无异于总排水管和街道排水管，只是分区排水管直径更小些（100～200mm）。分区排水管可以围绕单栋建筑物，这时分区排水系统不仅要排出来自屋顶的水流，还要排出持压管线可能因故障发生渗漏的水流。

总之，为了解决冻土地区疏水这一难题，建议形成统一的相互联系的收集雨水和冻结层上水的三级排水系统。这套系统的建立和正确使用可以有效地保护所有居民区或一部分区域免受浸润、水淹和低温灾害的威胁。应当指出，这套实用的排水系统可以运用到道路建设中，特别是在建设公路或铁路排水设施时。同样，这套排水系统也可在高含冰量的多年冻土分布地区和地下冰分布地区铺设使用。

第7章 结　论

本书对寒区冻结层上水的相关理论进行了研究总结，深化了现有的关于冻结层上水形成、分布、排泄和水体动态方面的研究。

冻结层上水的统一分类。冻结层上水共可分为三种基本类型：冻结层上层滞水、季节性融化层水、冻结层上地下水。分类的要点是找出冻结层上水与相应岩石环境下重力地下水之间的关系，也就是说，遵守了天然水体系统化的原则。特别需要强调的是，冻结层上水的三种类型之间存在着紧密的水力联系。在冻土地质环境影响下，形成复杂的动态水流。

冻结层上地下水分布的基本规律受两种因素的影响：气候的常年变化和多年冻结层面积的动态发展。在欧亚北部地区绘制冻结层上地下水的冻土带分布示意图时，要考虑到地球历史性原则。弄清冻土和气候因素对冻结层上水排泄的一些特殊影响，在分析的基础上确定冻结泉的出水量，计算出静水水压值。静水水压在季节性低温隔水层的影响下，会使冻结层上水水压不断增加。

对现有的有关各种自然因素入渗补给作用的资料进行了分析。应当强调的是，在寒区自然环境条件下，大气降水下渗具有很大的复杂性。这是因为岩层解冻之后，其渗透性会发生变化。在这种条件下，来自于大气降水的活动层冻结层上水入渗补给水源呈局部多边形特征。

气候季节性湿热状况标准数据，作为确定活动层冻结层上水入渗补给特点和判断水源分布的整体数据，反映出了在冻结层上水形成的温度和湿度条件之间的平衡起源上的联系。借助于这一标准参数，按照活动层（季节性融化层水和冻结层上层滞水）冻结层上水形成和补给的湿热条件，对雅库特地区进行了区域划分。

评估了包气带中水汽冷凝过程对冻结层上水的补给作用。在雅库特中部地区进行了野外观测，数据结果显示，暖季冻结层上水的冷凝补给量在 25 ~ 50mm 之间。应当着重指出的是，在有表土层和植被的粉末状包气带疏松岩层中，冻结层上水的冷凝补给量明显下降（下降 5 ~ 9 倍）。

表层水对冻结层上水入渗补给的作用。在运用水平衡原理和流体动力学方法进行分析的基础上，判断出表层水对冻结层上水的补给影响。

明确地指出了在多年性和稳定的季节性冻结层条件下包气带及其分布范围。当多年冻结层和活动层融为一体时，可以根据冻土条件状况来确定包气带的底部界限。在这种情况下，包气带的厚度或与活动层的厚度一致或超过活动层的厚度。如果冻结岩层位于活动层横剖面的内部，其气孔和缝隙不会被冰完全填满；如果活动层和多年冻结层不相融合，甚至于后者几乎不存在时，包气带的底部界限要根据水文地质条件来确定。即包气带的厚度与冻结层上水，特别是地下水水层的厚度一致。

在多年冻结层分布地区，运用现象学理论对包气带水分转移的特点和强度进行判断。现象学理论建立在两个重要因素的基础上，这两个因素之间相互关联，并以冻结层包气带水分转移的方向和强度为前提条件。第一个因素，当大气层近地表空气中水蒸气不足时，会引起包气带岩层整年保持水汽上升的一个状态；第二个因素，当包气带岩层和大气近地面空气之间温度不同时，会有两种变化，一种是水汽上升（大部分在冬季），另一种是水汽下沉（大部分在暖季）。无论水汽上升还是下降，它们都受这两种因素的影响。这两种因素的相互关系或表现在蒸汽状态下，或表现在薄膜式的状态下。这些状态取决于岩层中岩石组成成分、湿度和含冰率。因此，对包气带岩层的水汽移动进行判断时，要以包气带岩层和大气层近地表空气的基本湿热条件为依据。这一结论也印证了我们熟知的理论，即包气带是岩石圈和大气层之间的接触面，反映出两个最重要的地圈间相互影响的各种复杂性和多样性。应当强调的是，在多年冻结层分布地区，包气带的水分移动具有高强度的特点，这是因为包气带最底部岩层和近地面大气层间的温度梯度差明显。因此，要在分析的基础上来计算任一年度包气带水分移动的强度值。

在冻结层包气带中，水分移动过程对冻结层上水水体流体动力和水化学方面有影响。应当指出的是：在暖季，由于热梯度差，包气带的水分绝大部分会下渗，这有利于补充冻结层上水，抬升其水位；在冬季，由于冻结层上水受蒸发强度增大的影响，致使包气带水分向上移动。这一过程使冬季的冻结层上水水量减少，水位下降，导致包气带岩层干旱，增加了近地表部分的含冰率。确定了冬季时期，在包气带水分移动过程的影响下，冻结层上水化学成分和无机盐饱和变化特征及机理。这种特征和机理取决于包气带的渗透性。当包气带岩层渗透性比较好时，冻结层上水化学成分和无机盐饱和变化符合基本的低温蒸发浓缩过程；当包气带岩层渗透性较弱时，冻结层上水化学成分和无机盐饱和的特征及机理要以低温蒸发的浓缩过程为前提条件。

当冻结层上水在表层发生季节性冻结时，冰岩动态效应（结晶压缩式、结晶真空式）会引起冰与水之间发生相变，它是形成冻结层上水的重要因素。根据含水层冻结岩层的动态特征，分为三种基本类型的冻结层上水冰岩动态水体：填积式、下降式、准恒定式。这几种类型不仅具有季节性，并且还具有常年性。

总结出冻结层上水冰锥形成的特点。应当指出的是，季节性融化层的冻结层上水形成的冰锥，完全反映出冬季冻结层上水冰岩动态水体的填积式特征。初冬季节，由于冻结层以上含水层发生冻结，此时这类冰锥面积最大。还有一种是冻结层上地下水泉涌溢出形成的冰锥。一般在冬末时期，由于泉水的排泄区有最大面积的冻结层，因此可以观测出此类冰锥增长强度的最大值。在河谷中形成的冰锥，既有河床下融区冻结层上水的参与，也有在阶地和河滩形成的季节性融化层水的参与。由于这类冰锥具有双波性，因此冰锥强度很明显地表现出两个最大值。

在阐述关于冻结层包气带水分移动特点和冻结层上水水体状况、分布、形成特征等基本理论时，要借鉴一些关于寒区开发地带冻结层上水排泄的具体实例。

在总结冻结层上水理论研究成果时，主要从以下几个方面进行研究：

（1）探明冻结层上水在寒区开发中的地位和作用。

（2）分析冻结层上水对包气带温度和湿度的影响。

（3）判断冻结层上水水流对寒区河流和湖泊的水体及水化学状况的影响。

（4）在进行工程地质，水利土壤改良、水利技术等其他工程勘测时，制定出研究冻结层上水的方法。

（5）使用有效的排水设备，防止冻结层上水淹没城市、村镇以及各种工程建筑（公路、铁路、地下管道等）。

（6）对冻结层上水在整体供水和灌溉中的使用特点进行研究。

（7）总结一些方法理论和实践经验，保护冻结层上水免受污染和枯竭。

参考文献

[1] Алексеев В.Р.О роли надмерзлотных вод в морфолитогенезе гольцевого пояса гор // Вопросы морфолитогенеза в вершинном поясе горных стран.-Чита:Изд-во Заба15-йкал. фил.геогр.о-ва СССР,1968-С.37-40.

[2] Алексеев В.Р.Условия форомирования и распространения наледей на юге Якутии //Наледи Якутии.-Новосибрик:Наука.Сиб.отд-ние,1969.-С31-41.

[3] Алексеев В.Р.Наледи Сбири и Дальнего Востока // Сиб.геогр.сб. -Новосибрик: Наука. Сиб.отд-ние,1974. -№8. -С.5-68.

[4] Алексеев В.Р.Наледи Саяно-Байкальского нагорья // Наледи и наледные процессыВосточной Сибири.Иркутск,1976.-С.22-87.-（Зап.Забайкал.фил.геогер.о-ва СССР； Вып.104）.

[5] Алексеев В.Р.Наледи и наледные процессы.-Новосибрик:Наука.Сиб.отд-ние,1978. -189с.

[6] Алексеев В.Р.Наледи. -М.:Наука,1987. -159с.

[7] Алексеев В.Р.Основные проблемы наледеведения // Проблемы наледеведения.-Новосибрик:Наука.Сиб.отд-ние,1991.-С5-23.

[8] Алексеев В.Р.Вада и лёд в криосфере Земли // Фундаентальные проблемы изучения и использования воды и водные ресурсов.-Иркутск:Ин-т географии СО РАН,2005. -С.4-7.

[9] Алексеев В.Р.Криология Сибири: избранные труды.-Новосибрик: Акад.изд-во"Гео", 2008-483с.

[10] Алексеев В.Р.,Дзень П.Ф.Динаика наледи подземных вод по данным ежедневны-х наблюдений // Проблемы наледеобразования.- Чита,1973. -С.104-107.

[11] Алексеев В.Р.,Иваннов А.В.Криогенная метаморфизация природных вод // Про-бремы зимоведение.- Чита,1972. -Вып.4. -С.80-82.

[12] Алексеев В.Р.,ИванновА.В.Криогенная метаморфизация природных вод и её рольв круговороде веществ //Докл.Ин-то географии Сибирии и Дальнеого Востока. -Новосибрик:Наука.Сиб.отд-ние,1976. -С.31-40.

[13] Алексеев В.Р.,Савко П.Ф.Теория наледных процессов.-М.: Наука,1975.-204с.

[14] Алексеев В.Р.,Сизиков А.В.Динамическое особенности наледей подземных вод Центрального Закайкалья // Наледи и наледные процессы в Восточной Сибирии. -Иркутск,1976. -С.88-97.-（Зап.Забайкал.фил.геогер.о-ва СССР； Вып.101）.

[15] Алексеев В.Р.,Соколов Б.Л.Полевые исследование наледей.-Л.:Гидрометеоиздат,1980. -152с.

[16] Алексеев В.Р.,Фурман М.М.Многолетния изменчивость пораметров Нижне-Инга- макитской наледи（Северное Забайкалье）// Пробремы наледеоброзования.- Чита,1973. -С.98-102.

[17] *Алексеев В.Р., Фурман М.М.* Наледи и сток. - Новосибирск: Наука. Сиб. отд- ние, 1976. -118 с.

[18] *Алексеев В.С., Аронштам М.Г., Астрова Н.В., Муфтахов А.Ж.* Подтопление терр-иторий грунтовыми водами при строительстве и их инженерная защита. -М.: ВИНИТИ, 1982. -111 с. (Итоги науки и техники. Сер. Гидрогеология и инженерная геология; Т. 8).

[19] *Алексеев С.В.* Криогенез подземных вод и горных пород (на примере Далдыно-Алакитского района Западной Якутии). - Новосибирск: Изд-во СО РАН, 2000. - 119 с.

[20] *Алексеев С.В.* Криогидро геологические системы. Формирование понятия и классификация // Криосфера Земли. - 2005. - Т. IX, № 2. - С. 85-93.

[21] *Алексеев С.В.* Криогидрогеологические системы Якутской алмазоносной провинции. -Новосибирск: Акад. изд-во "Тео", 2009. - 319 с.

[22] *Алексеева Л.П., Алексеев С.В.* Взаимодействие подземных вод и многолетнемерзлых

пород в условиях техногенеза // Материалы XVI Всероо. совещ. по подземным водам Востока России. - Новосибирск, 2000. - С. 77-79.

[23] *Альтовский М.Е.* Влияние естественных и искусственных факторов на режим подземныхвод. - М.: Госгеолтехиздат, 1954. - С. 10-27.

[24] *Ананян А. А.* Особенности фазовых переходов воды в замерзающих и мерзлых горных породах // Докл. на Междунар. конф. по мерзлотоведению. - М.: Изд-во АНСССР, 1963. - С. 223-228.

[25] Ананян А. А., Арутян Н.А., Мазуров В. А. и др. О проницаемости мерзлых горных пород // Мерзлотные исследования. - М.: Изд-во Моек, ун-та, 1972.- Вып. 12.- С. 205-208.

[26] Анисимова Н.П.Химический состав подземных и поверхностных вод и некоторые закономерности его изменения в районе среднего течения реки Лены. -Якутск: Кн.Издво, 1959. - 121 с.

[27] Анисимова Н.П. Химический состав воды в подозерных и подрусловых таликах района Лено-Амгинского междуречья Центральной Якутии // Вопросы специальной гидрогеологии Сибири и Дальнего Востока. - Иркутск, 1962.- С. 155-162.

[28] *Анисимова Н.П.* Некоторые особенности формирования химического состава озерного и наледного льда в Центральной Якутии // Наледи Сибири. - М.: , Наука, 1969. - С. 183-190.

[29] *Анисимова Н.П.* Роль процесса промерзания пород в формировании химического состава подземных вод // Материалы VI Всесоюз. совещ. по подземных водам Сибири и Дальнего Востока. - Иркутск; Хабаровск, 1970.- С. 43-44.

[30] *Анисимова Н.П.*Формирование химического состава подземных вод таликов (на примере Центральной Якутии). - М.: Наука, 1971. - 195 с.

[31] *Анисимова Н.П.* Криогенная метаморфизация химического состава подземных вод (на примере Центральной Якутии) // II Междунар. конф. по мерзлотоведению. -Якутск: Ин-т мерзлотоведения СО АН СССР, 1973. - Вып. 5.- С. 5-12.

[32] *Анисимова Н.П.*Сезонные изменения химического состава криопэгов аллювиальных отложений // Гидрогеологические условия мерзлой зоны. - Якутск: Ин-т мерзлотоведения СО АН СССР, 1976. - С. 60-67.

[33] *Анисимова Н.П.*Криогидрогенные изменения ландшафта // Техногенные ландшафты Севера и их рекультивация. - Новосибирск: Наука. Сиб. отд-ние, 1979. - С.148-152.

[34] Анисимова Н.П. Криогидрогеохимические особенности мерзлой зоны. - Новосибирск: Наука. Сиб. отд-ние, 1981. - 153 с.

[35] Анисимова Н.П. Гидрогеохимические закономерности криолитозоны: Авто- реф. дис. ... д-ра геол.-мин. наук. - Якутск, 1985. - 36 с.

[36] Анисимова Н.П. Изменение засоленности грунтов и надмерзлотных вод приэксплуатации сельскохозяйственных комплексов // Проблемы фундамен- тоотроения навечномерзлых грунтах в сельском хозяйстве. - Якутск: Ин-т мерзлотоведения СО АН СССР, 1990. - С. 42-46.

[37] Анисимова Н.П. Гидрохимические изменения на площадях летнего содержания крупного рогатого скота в Центральной Якутии // Формирование подземных вод криолитозоны. - Якутск: Ин-т мерзлотоведения СО РАН, 1992. - С. 106-117.

[38] Анисимова НЛ. Техногенные гидрогеохимические изменения в долине р.Лены на участке Туймаада // Эколого-геохимические проблемы в условиях криолитозоны. - Якутск: Ин-т мерзлотоведения СО РАН, 1996а.- С. 35-44.

[39] рование подземных вод криолитозоны. - Якутск: Ин-т мерзлотоведения СО РАН, 1992. - С. 23-30.

[40] Анисимова Н.П., Павлова НА. Условия формирования техногенных криопэгов в Якутске // Материалы Всерос. совещ. по подземным водам Востока России. - Иркутск: Иркут, гос. техн. ун-т, 2003. - С. 104-107.

[41] Анисимова НЛ., Павлова НЛ. Техногенные изменения мерзлотно-гидрогеохимической обстановки на территории г. Якутска // Материалы Междунар. науч.-практ. конф. ^Экология фундаментальная и прикладная: проблемы урбанизации”. - Екатеринбург: Изд-во Урал, ун-та, 2005. - С. 38-40.

[42] Анисимова Н.П., Павлова НЛ. Особенности формирования солоноватых и соленых вод ысквозных таликов Центральной Якутии // Труды Рос. конф. "Гидрогеохимия осадочных бассейнов". - Томск: Изд-во НТЛ, 2007.-
[43] Анисимова Н.П. Режимные исследования надмерзлотных таликов в окрестностях Якутска // Криолитозона и подземные воды Сибири. - Якутск: Ин-т мерзлотоведения СО РАН, 19966. - Ч. II. - С. 3-16.
[44] Анисимова Н.П. Динамика уровенного и гидрохимического режима подземных вод техногенных таликов // Мониторинг подземных вод криолитозоны. -Якутск: Ин-т мерзлотоведения СО РАН, 2002. - С. 89-99. j Анисимова Н.П. Методы гидрогеохимии в мерзлотоведении: Учеб, пособие.- Якутск: Ин-т мерзлотоведения СО РАН, 2004. - 48 с.
[45] Анисимова Н.П., Бойцов А.В. Методические рекомендации по проведению мерзлотно-гидрогеохимических исследований в комплексе инженерно-строительных изысканий в криолитозоне. - Якутск: Ин-т мерзлотоведения СО РАН, 2000. - 52 с.
[46] Анисимова Н.П., Жигалова О.П., Кузнецов С.Н. Формирование криопэгов на участках антропогенного загрязнения // Мерзлотно-гидрогеологические исследования зоны свободного водообмена. - М.: Наука, 1989. - С. 98-106.
[47] Анисимова Н.П., Игнатова Г.М., Киреев ВЛ. Формирование техногенных водоносных таликов на площадях животноводческих комплексов // Форми-С. 229-234.
[48] Анисимова Н.П., Павлова Н.А. Гидрохимическая характеристика надмерзлотных таликов на осваиваемых территориях низких террас Центральной Якутии // Материалы Всерюс. совещ. по подземным водам Востока России. -Тюмень: Тюм. дом печати, 2009. - С. 189-190.
[49] Анисимо&а Н. П., Павлова Н. А., С тамбовская Я. В. Влияние антропогенного загрязнения на химический состав подземных вод пойменных таликов и русловых отложений в среднем течении р. Лены // Материалы науч. конф. "Фндаментальные проблемы изучения и использования воды и водных ре сурсов ". - Иркутск:Ин-т географии СО РАН, 2005. - С. 339-340.
[50] Анисимова Н.П., Пигузова В.М., Толстихин О.Н., Шепелёв В.В. Исследование режима источников, образующих наледи // Тез. докл. по обмену опытом изучения режима подземных вод и инженерно-геологических процессов в районах распространения многолетнемерзлых пород. - М., 1971.- С. 33-34.
[51] Анисимова Н. П., Пигузова ВМ., Толстихин О. Н., Шепелёв В.В. Исследование режима источников подземных вод мерзлой зоны (на примере Центральной . Якутии) // Региональные и тематические геокриологические исследования. -Новосибирск: Наука. Сиб. отд-ние, 1975. - С. 116-123.
[52] Лрэ Ф.Э. Механизм развития и деградации наледи источников Улахан-Та- рын // Наледи Сибири. - М.: Наука, 1969. - С. 107-116.
[53] Афанасенко В. Е., Бойкое В. А. Особенности формирования химического состава и удельное сопротивление подземных и поверхностных вод северной части Чульманского плоскогорья // Мерзлотные исследования. - М.: Изд-во Мрск. ун-та, 1977. - Вып. 16. - С. 122-131.
[54] Лфанасенко В.Е., Дюнин В.И. Генетические типы наледей Южной Якутии и меры борьбы с ними // Инженерно-геологические и мерзлотные условия Дальнего Востока. - Хабаровск, 1977. - С. 34-41.
[55] Афанасенко В. Е., Корейша М.М., Романовский Н. Н. Некоторые результаты повторного исследования гигантских наледей Селеняхской впадины и хребта Тас-Хаяхтах // Проблемы наледеобразования. - Чита, 1973. - С. 43-45.
[56] Балобаев В.Т. Теоретические основы управления протаиванием и промерзанием горных пород в природных условиях: Автореф. дис. ... канд. геол.-мин. наук. - М., 1965. - 21 с.
[57] Балобаев В.Т. Особенности геотермических процессов в районах с многолетне-мерзльсми породами // Геокриологические исследования. - Якутск: Ин-т мерзлотоведения СО АН СССР, 1971. - С. 9-17.
[58] Балобаев В.Т. Гидродинамические процессы формирования подмерзлотных вод //

Подземные воды Центральной Якутии и перспективы их использования- -Новосибирск: Изд-во СО РАН, фил. "Гео", 2003. - С. 51-67.

[59] Балобаев В.Т., Шепелёв В.В. Космопланетарные климатические циклы и их роль в развитии биосферы Земли // Докл. РАН. - 2001. - Т. 379, № 2.- С. 247-251.

[60] Балобаев В.Т., Шепелёв В.В. Терморезонансный эффект в колебаниях глобального климата // Наука и техника в Якутии. - 2003. - № 2. - С. 7-10.

[61] Банцекина Т. В. Особенности гидротермического режима слоя сезонного протаивания крупнообломочных склоновых отложений в весенне-летний период (на примере Верхнеколымского нагорья): Автореф. дис. ... канд. геогр. наук. - Якутск, 2003. - 23с.

[62] Банцекина Т. В., Михайлов В.М. К оценке рюли внутригрунтовой конденсации водяных паров в формировании теплового и водного режимов крупнообломочных склоновых отложений // Криосфера Земли. - 2009. - Т. XIII, № 1. - С. 40-45.

[63] БарановИ. Я. Южная окраина области многолетней мерзлоты // Гидрогеология СССР. - Вып. 17, кн. 2. Восточная Сибирь. - М.: Госгеолтехиздат, 1940. - С. 114-124.

[64] Баранов И.Я. Криометаморфизм горных пород и его значение для палеогеографии четвертичного периода // Вопросы криологии при изучении четвертичных отложений. - М.: Изд-во АН СССР, 1962. - С. 6-36.

[65] Баранов И.Я. Некоторые вопросы зональных закономерностей развития многолетнемерзлых пород // Докл. Междунар. конф. по мерзлотоведению.- М.: Изд-во АН СССР, 1963. - С. 15-23.

[66] Барыгин В.М. Подземные воды Воркутского района. - М.: Изд-во АН СССР, 1952. - 107 с.

[67] Басков ЕА. Основные черты взаимодействия поверхностных и подземных вод в гидрогеологических структурах разного типа на территории СССР // Тр. IV Всесоюз. гидрологического съезда. - Л., 1976. - Т. 8. - С. 26-31.

[68] Баулин В.В., Данилова Н.С., Кондратьева К.А. О криогенном возрасте пород криолитозоны СССР // Геокриологические исследования. - М.: Изд-во Моек, ун-та, 1987. - С. 62-71.

[69] Башлаков Я.К. К вопросу о формировании и абляции наледей в бассейне р. Чуй // Проблемы зимоведения. - Чита, 1972. - Вып. 4. - С. 78-80.

[70] Белецкий В.Л. Особенности водообмена в первых от поверхности водоносных горизонтах Центральной Якутии // Вопросы гидрогеологии криолитозоны. -Якутск: Ин-т мерзлотоведения СО АН СССР, 1975. - С. 10-34.

[71] Белокрылов И,Д., Ефимов А.И. Многолетнемерзлые породы зоны железорудных и угольных месторождений Южной Якутии. - М.: Изд-во АН СССР, 1960. - 75 с.

[72] Блохин Ю.И. Роль сезонного промерзания грунтов в формировании режима подземных вод в Предбайкалье // Подземный сток на территории Сибири и методы его изучения. - Новосибирск: Наука. Сиб. отд-ние, 1979.- С. 96-101.

[73] Блохин Ю.И., Путятин В.Е., Литвин БМ. Типы режима подземных вод юга Иркутской области и задачи их изучения // Гидрогеология и инженерная геология месторождений полезных ископаемых Восточной Сибири. - Иркутск, 1973. - С. 96-100.

[74] Бойцов А.В. Динамика образования средних по размеру наледей в Южной Якутии // Исследование наледей. - Якутск: Ин-т мерзлотоведения СО АН СССР, 1979. - С. 97-105.

[75] Бойцов А.В. К вопросу о методике режимных наледных наблюдений // Методика гидрогеологических исследований криолитозоны. - Новосибирск: Наука. Сиб. отд-ние, 1983. - С. 91-96.

[76] Бойцов А.В. Условия формирования и режим склоновых таликов в Центральной Якутии // Криогидрогеологические исследования. - Якутск: Ин-т мерзлотоведения СО АН СССР, 1985. - С. 44-55.

[77] Бойцов А.В. О формировании и режиме грунтовых потоков надмерзлотных вод // Комплексные мерзлотно-гидрогеологические исследования. - Якутск: Ин-т мерзлотоведения СО АН СССР, 1989. - С. 61-66.

[78] Бойцов А.В. Некоторые особенности формирования и режима подземных и поверхностных вод в бассейне р. Амгуэмы (Чукотка) // Формирование подземных вод

криолитозоны. - Якутск: Ин-т мерзлотоведения СО РАН, 1992. - С. 65-74.
[79] Бойщов А.В. Особенности режима надмерзлотных вод сезонноталого слоя в ус- ловиях расчлененного рельефа // Мониторинг подземных вод криолитозоны. -Якутск: Ин-т мерзлотоведения СО РАН, 2002а. - С. 124-140.
[80] Бойцов А.В. Режим подземных вод радиационно-тепловых таликов // Мониторинг подземных вод криолитозоны. - Якутск: Ин-т мерзлотоведения СО РАН, 20026. - С. 66-76.
[81] Бойцов А.В., Лебедева Т.Н. Водный режим песчаных грунтов слоя сезонного протаивания в Центральной Якутии // Мерзлотно-гидрогеологические исследования зоны свободного водообмена. - М.: Наука, 1989. - С. 27-38.
[82] Бойцов А.В., Шепелёв В.В. Мерзлотно-гидрогеологические условия массива развеваемых песков Махатта (Центральная Якутия) // Гидрогеологические исследования криолитозоны. - Якутск: Ин-т мерзлотоведения СО АН СССР, 1976. - С. 25-34.
[83] Боровицкий В.П. О влиянии естественных электрических потенциалов на миграцию влаги и содержащихся в ней компонентов в деятельном слое // Материалы Комиссии по изучению подземных вод Сибири и Дальнего Восто- ка: Вопросы гидрогеологии и гидрохимии. - 1969. - Вып. 4. - С. 180-186.
[84] Букаев Н.А. Основные закономерности режима гигантских наледей в верховьях р. Колымы // Наледи Сибири. - М.: Наука, 1969. - С. 62-78.
[85] Булдович С.Н. О роли сезонного промерзания пород в формировании гидрогеологических условий Чульманской впадины // Вести. Моек, ун-та. Сер. 4. Геология. - 1979. - № 5. - С. 60-67.
[86] Булдович С.Н. Особенности тепло- и влагообмена в породах в зоне развития прерывистой мерзлоты и их влияние на формирование мерзлотно-гидрогеологических условий (на примере Чульманской впадины): Автореф: дис. ... канд. геол.-мин. наук. - М., 1982. - 25 с.
[87] Булдович С.Н., Афанасенко В. Е, Мелентьев В.С. Некоторые данные о конденсации водяных паров в грубообломочных грунтах Южной Якутии // Мерзлотные исследования. - М.: Изд-во Моск, ун-та, 1978. - Вып. 12.- С. 169-175.
[88] Валицкии Б.Е., Садиков М. А, Патрунов Д.К. Формирование химического состава вод в условиях многолетней мерзлоты (на примере Норильского района) // Тр. науч.-техн. совещ. по гидрогеологии и инженерной геологии: Геохимия подземных вод. - М., 1970. - Вып. 3. - С. 175-181.
[89] Васильченко В.А. О роли зимне-весенних осадков в питании грунтовых вод // Разведка и охрана недр. - 1972. - № 7. - С. 40-44.
[90] Васькина В.Н. Сезонная динамика влагообмена между грунтовыми водами и зоной аэрации по междуречье // Подземные воды юга Западной Сибири.- Новосибирск: Наука. Сиб. отд-ние, 1987. - С. 106-111.
[91] Вельмина Н.А. Особенности гидрогеологии мерзлой зоны литосферы. - М.: Недра, 1970. - 326 с.
[92] Вельмина Н. А, УземблоВ.В. Гидрогеология центральной части Южной Якутии. -М.: Изд-во АН СССР, 1959. - 179 с.
[93] Вернадский В.И. Об областях охлаждения в земной коре // Зап. Гидрологического ин-та. - Л., 1933. - Т. X. - С. 5-16.
[94] Вернадский В.И. Избранные сочинения. Т. IV, кн. 2. - М.: Изд-во АН СССР, 1960. - 651 с.
[95] Верхотуров А.Г. Мониторинг опасных наледных процессов на территории Читинской области // Докл. III науч.-техн. конф. Горного ин-та. - Чита: Изд- во Чит. гос. техн. ун-та, 2000. - Ч. I. - С. 148-150.
[96] Верхотуров А. Г, Трифонова Н.В., Кудрявцева И.И. Некоторые закономерности распространения и формирования наледей в Забайкалье // Докл. I науч.-техн. конф. Горного ин-та. - Чита: Изд-во Чит. гос. техн. ун-та, 1998.- С. 51-53.
[97] Водолазкин В.М. Прочностные характеристики оттаявших глинистых грунтов на различных стадиях консолидации // Тр. Сев. отд-ния Ин-та мерзлотоведения АН СССР. -

1962. - Вып. 2. - С. 66-72.
[98] Волкова В.П. Химический состав природных вод Мирнинского района Якутской АССР // Мерзлотные исследования. - М.: Изд-во Моек, ун-та, 1971.- Вып. 11. - С. 152-160.
[99] Волкова В.П. Особенности формирования химического состава природных вод и льдов в условиях сплошного распространения низкотемпературных мерзлых толщ (на примере мерзлотно-гидрогеологических структур Яно-Инди- гирского междуречья): Автореф. дис. ... канд. геол.-мин. наук. - М., 1973. - 22 с.
[100] Волкова В.П. Некоторые особенности солевого стока в области сплошного распространения многолетнемерзлых пород // Мерзлотные исследования.- М.: Изд-во Моск, ун-та, 1974. - Вып. 14. - С. 116-125.
[101] Всеволожский В.А. Основы гидрогеологии. - М.: Изд-во Моек, ун-та, 2007.- 448 с. Втюрин Б.И. Подземные льды СССР. - М.: Наука, 1975. - 215 с.
[102] Гаврильев П.П. Мелиорация и рациональное использование земелъ в Якутии при наличии подземных льдов (научно-методические рекомендации).- Якутск: Ин-т мерзлотоведения СО АН СССР, 1991. - 68 с.
[103] Галанин А.А. Комплексные каменные глетчеры - особый тип горного оледенения северо-востока Азии // Весты. ДВО РАН. - 2005. - № 5. - С. 59-70.
[104] Гапеев С.И. О причинах миграции влаги и образовании прослойков льда в промерзающих грунтах // Информ. письмо № 20. - Л.: Ленгипротранс, 1956. - 27 с.
[105] Геологический словарь. Т. 1. - Л.: Недра. Ленингр. отд-ние, 1973. - 486 с.
[106] Гидрогеология. - М.: Изд-во Моск, ун-та, 1984. - 317 с.
[107] Гинсбург Г. Д, Неизвестнов Я.В. Гидродинамические и гидрохимические процессы в области охлаждения земной коры // II Междунар. конф. по мерзлотоведению: Докл. и сообщ. - Якутск, 1973. - Вып. 5. - С. 22-28.
[108] Глотов В.Е. Газогидрогеохимические изменения в сезонно-талом слое на Северо-Востоке СССР // Комплексные мерзлотно-гидрогеологические исследования. -Якутск: Ин-т мерзлотоведения СО АН СССР, 1989. - С. 33-46.
[109] Глотов В.Е. Газогеохимическая цикличность в сезонно-талом слое низменностей криолитозоны // Докл. РАН. - 1992. - Т. 325, № 1. - С. 150-152.
[110] Глотов В.Е. Гидрогеология осадочных бассейнов Северо-Востока России.- Магадан: Кордис, 2009. - 232 с.
[111] Глотов В. Е, Иванов В.В., Шило Н.А. Миграция углеводородов через толщу многолетнемерзлых пород // Докл. АН СССР. - 1985. - Т. 285, № 6.- С. 1443-1546.
[112] Глотов В. Е, Сухопольский О.В. Подземные воды // Геология СССР. Т. 30. Северо-Восток СССР. - М.: Недра, 1983. - С. 211-237.
[113] Гляциологический словарь. - Л.: Гидрометеоиздат, 1984. - 528 с.
[114] Гольдтман В.Г. Теплообмен в фильтрующих крупнозернистых грунтах при дренажной и игловой оттайке // Тр. ВНИИ-I за 1957 год. - Магадан, 1958. - С. 42-48.
[115] Гольдтман В. Г, Чистопольский С.Д. Особенности процесса массо- и теплопе- реноса при фильтрации жидкости в пористой среде // Материалы 8-го Все- союз.
[116] междувед.совещ. по геокриологии (мерзлотоведения). - Якутск, 1966. - Вып. 4. - С. 144-150.
[117] Горбунов А.П. Пояс вечной мерзлоты Тянь-Шаня: Автореф. дис. ... д-ра геогр. наук. - М., 1974. - 38 с.
[118] Гречищев С.Е., Чистотинов Л.В., Шур ЮЛ. Криогенные физико-геологические п-роцессы и их прогноз. - М.: Недра, 1980. - 382 с.
[119] Григорьев М.Н., Курчатова А.Н., Аносова Л.П. и др. Контроль состояния геотехнической системы Якутска на основе мерзлотно-геоморфологической систематизац-ии // Якутск - столица северной республики: глобальные проблемы градосферы и пути их решения. Ч. И.II. - Якутск: Фонд“Традо- сфера”，1997. - С. 31-39.
[120] Губкин Н.В. Мерзлотно-гидрогеологические условия шахтного строительства в Охотско-Колымском крае // Колыма. - 1946. - № 8.-С. 2-9.
[121] Губкин Н.В.,Подземные воды бассейна верхнего течения реки Колымы. - М.:Изд-во АН

СССР, 1952. - 132 с.
[122] Гуральник И.И., Дубинский Г.П., Лаврин В.В. и др. Метеорология. - Л.: Гидрометеоиздат, 1982. - 176 с.
[123] Дементьев А.И.Активное действие надмерзлотного потока в период зимнегопромерзания грунтов // Вести. АН СССР. - 1945. - № 9. - С. 74-78.
[124] Дерягин Б.В., Кисилева О.А., Соболев В.Д. и др. Течение незамерзшей воды в пористых телах // Вода в дисперсных системах. - М.: Химия, 1 9 8 9 . - С. 101-115.
[125] Дзенъ П.Ф. Некоторые данные наблюдений за формированием и таянием нале-
ди на р. Нижний Ингамакит (бассейн р. Чары) // Материалы 19-й науч. конф., посвященной 50-летию Советской власти. - Ялта ， 1967. - С. 71-74.
[126] Догановскгій А.М. Особенности формирования зимнего стока в зоне вечной мерзлоты // Тр. Ленингр. гидрометеорол. ин-та. - 1968. - Вып. 30.С. 64-70.
[127] Дроздов А.В. Захоронение дренажных рассолов в многолетнемерзлые породы (на примере криолитозоны Сибирской платформы). - Иркутск: Изд-во Иркут. гос. техн. ун-та, 2007. - 296 с.
[128] Дроздов А.В, Пост Н.А., Лобанов В.В. Криогидрогеология алмазных месторождений Западной Якутии. - Иркутск: Изд-во Иркут, гос. техн. ун-та, 2008. - 507 с.
[129] Дубиков Г.И., Иванова Н.В. Засоленные мерзлые грунты и их распространение на территории СССР // Засоленные мерзлые грунты как основания сооружений. - М.: Наука, 1990. - С. 3-9.
[130] Ершов Э.Д. Влагоперенос и криогенные текстуры в промерзающих породах // Мерзлотные исследования. - М.: Изд-во Моск, ун-та, 1977. -Вып. 1 6 . - С. 166-178.
[131] Ершов Э.Д.. Влагоперенос и криогенные текстуры в дисперсных породах. - М.: Изд-во Моск,ун-та, 1979. - 213 с.
[132] Ершов Э.Д. Криолитогенез. - М.: Недра, 1982. - 212 с.
[133] Ершов Э.Д. кучуков Э.З., Комаров И.А. Сублимация льда в дисперсных породах. - М.: Изд-во Моск, ун-та, 1975. - 224 с.
[134] Ершов Э.Д.. Лебеденко Ю.П., Чувилин Е.М. и др. Микростроение мерзлых пород. - М .: Изд-во Моск, ун-та, 1988. - 182 с.
[135] Ефимов А.И. Глубокое промерзание грунтов и режим надмерзлотных вод под теплыми зданиями // Тр. Ин-та мерзлотоведения АН СССР. - 1 9 4 4 . - С. 205-225.
[136] Ефимов А.И. Забайкальский тип режима надмерзлотных вод // Сов. геология. - 1 9 4 7 . - № 26. - С. 77-90.
[137] Ефылов А.И. Незамерзающий пресный источник Улахан-Тарьлы Центральной Якутии // Исследование вечной мерзлоты в Якутской республике. -М： Изд-во АН СССР, 1952. - С. 60-105.
[138] Ефимов А.И. Мерзлотно-гидрогеологические особенности прибрежных и рус- ловых участков р. Лены в районе г. Якутска // Геокриологические условься; Западной Сибири,Якутии и Чукотки. - М.: Изд-во АН СССР ， 1 9 6 4 . - С. 71-79.
[139] ЕфижовА.И. Колдышева Р.Я. Зона аэрации и особенности ее картированин в областях распространения многолетнемерзлых пород // Проблемы гидрогеологического картирования и районирования. - Л., 1971. - С. 113-115.
[140] Ефимов А.И., Колдышева РЯ. Особенности зоны аэрации криолитозоны // Региональные и тематические геокриологические исследования. - Новосибирск: Наука. Сиб. отд-ние, 1975. - С. 133-138.
[141] Емлов Ю.Г. СотныковА.В. Геотермофильтрационный механизм образования наледей грунтовых вод // Исследование наледей. - Якутск： Ин-т мерзлотоведения СО АН СССР, 1979. - С. 34-45.
[142] Жесткова Т.Н. Формирование криогенного строения грунтов. -М.: Наука, 1982. - 215 с.
[143] Жуков В.Ф. Морозобойные трещины в районах вечной мерзлоты // Тр.Ин-та-мерзлотоведения им. В.А. Обручева. - М., 1944. - Т. 4. - С.44 -48.
[144] Зеленкевич А.А. Основные закономерности распространения и формирования

подземных вод Крайнего Северо-Востока СССР: Автореф, дис. ... геол.-мин. наук. -М. ，1966.-21с.

[145] Зеленовский П.Н. Результаты наблюдений за процессами накопления влаги в зоне аэрации на У ронском месторождении каменного угля **в** Кузбассе / /Метеорология и гидрогеология. - 1969. - № 1. - С. 64-70.

[146] Зиновьев МЛ. Влияние глубины промерзания грунтов на формирование процесса подтопления // Гидрогеологические исследования на застраиваеллых. территориях. - М.: Наука, 1988. - С. 25-31.

[147] Зинченко А.И., Мельникова Т.В., Мотрич Л.Т.., Папернов Н.М. О некоторых, особенностях формирования запасов подземных вод крио лихосферы, обусловленной вертикальной зональностью элементов водного баланса в усло- виях горного рельефа // Общее мерзлотоведение. - Новосибирск.: Наука.- Сиб. отд-ние, 1978. - С. 165-170.

[148] Зуев И.А. О гидрогеотермическом взаимодействии толщи вечномерзлых пород и подмерзлотных вод // Колыма. - 197S. - № 10. - С. 42 -45

[149] Иванов А.В.Влияние сезонного промерзания и многолетней мерзлоты на солгенакопление в почвах, грунтовых водах, минеральных озерах юго-восточного Забайкалья: Автореф. дис. ... канд. геогр. наук. - Иркутск, 1969. 22 с.

[150] Иванов А.В.Формирование химическкго состава талых вод // Условия и процессы крио-генной миграции вещества. - Якутск: Ин-т мерзлеоховедения СОАН СССР. - 1989. - С. 67-83.

[151] Иванов А.В., Власов Н.А. Влияние криогенных процессов на. формирова.иие химического состава грунтовых вод Юго-Восточного Забайкалья // Геохимия и гидрохимия природных вод Восточной Сибири. - Иркутск, 1973.- С. 142-162.

[152] Иевенко Б.И., Чистяков Г.Е. Тойон-Тирэхский тарын в Верхоянском хревте // Исследование вечной мерзлоты. - М.: Изд-во АН СССР, 1952. -Вып - 3 - С. 31-47.

[153] Исрафилов Г.Ю. Грунтовые воды Кура-Араксинской низменности. - Баку: Ка- ариф, 1972. - 143 с-

[154] Источники Центральной Якутии. Путеводитель / Анисимова Н.П., Никитина Н.М., Пигузова В.М., Шепелёв В.В. - Якутск: Ин-т мерзлотоведения СО АН СССР, 1973. - 46 с.

[155] Казаков А.П. Исследовгииие наледей на автомобильных дорогах Сибири // Наледи и наледные процессы в Восточной Сибири. - Чита, 1976. - С. 124-151.

[156] Канунов Н.Б. К вопросу районирования территории распрюстранения многолетнемерзлых пород Северо-Востока Печорского угольного бассейна по условиям формихюванххя режима грунтовых вод // Вопросы изучения режима подземных вод и инженерно-геологических процессов в районах распро. странения многолетнемерзлых пород. - Сыктывкар, 1975. - С. 23-33.

[157] Канунов Н.Б. Формирование ресурсов грунтовых вод // Разведка и охрана недр. - 1977. - № 8- - С. 43-48.

[158] Канунов Н.Б. Зона аэрации геокриологической провинции и ее роль в формировании ресурсов подземных вод // Материалы I Всесоюз. гидрогеол. конф. “Формирование подземных вод как основы гидрогеологических прогно- зов”. - М.: Недра, 1982а. - Т. 2. - С. 64-67.

[159] Каку нов Н.Б. Особенности питания грунтовых вод в зоне распространения многолетнемерзлых пород // Тр. ВСЕГИНГЕО. - М., 19826. - Вып. 145.- С. 104-115.

[160] Калабин А.И. Источники и наледи подземных вод на Северо-Востоке СССР // Тр. ВНИИ-I: Мерзлотоведение. - Магадан, 1958. - Вып. 7. - С. 11-32.

[161] Калабин А.И. Подземные воды на Северо-Востоке СССР // Тр. ВНИИ-I: Мерзлотоведение. -Магадан, 1959. - Вып. 9. - С. 1-87.

[162] Калабин А.И. Вечная мерзлота и гидрогеология Северо-Востока СССР // Тр. ВНИИ-I. -Магадан, 1960. - Вып. 18. - 472 с.

[163] Каменский Г.Н. Гидродинамические принципы изучения режима грунтовых вод // Вопросы гидротеологии и инженерной геологии. - М.: Госгеолтехиз- дат, 1953. - С. 4-13.

[164] Капранов В.Е., Перлыи тейн Г.З. Исследование поперечного рассеяния тепла в водонасыщенных фильтрующих грунтах // II Междунар. конф. по мерзло- товедению: Докл. и сообщ. - Якутск, 1973. - Вып. I. - С. 64-68.
[165] Карпов П.П. Наблюдение за растрескиванием грунтов в районе Березовского месторождения в Забайкалье // Мерзлотные исследования. - М.: Изд-во Моек, ун-та, 1961. - Вып. 1. - С. 100-105.
[166] Карта зоны аэрации СССР м-ба 1:5 000 000 // Атлас гидрогеологических и инженерно-геологических карт. - М.: ГУГК, 1983.
[167] Карта надмерзлотных вод РС(Я) м-ба 1:2 500 000 / Сост. Л.Д. Иванова, Н.С. Ломовцева, Н.М. Никитина, В.М. Пигузова. - Якутск: Якут, аэрогеодез. предприятие № 14, 1993. - 6 л.
[168] Катюрина С.О. Мотрич Л.Т., Папернов И.М. Расчет запасов подземных вод на основе новых методологических принципов оценки элементов водного баланса // Гидрогеологические исследования криолитозоны. - Якутск: Ин-т мерзлотоведения СО АН СССР, 1976. - С. 5-9.
[169] Кирюхин В.А., Толстихин Н.И. Региональная гидрогеология. - М.: Недра, 1987. - 382 с.
[170] Климовский И.В. К динамике наледного процесса в верховьях ледниковых долин // Инженерно-геологические и мерзлотные условия Дальнего Востока. -Хабаровск, 1977. - С. 51-55.
[171] Климочкин В.В. Процессы конденсации в формировании вод Западного Забайкалья // Тр. 2-го совещ. по подземным водам и инженерной геологии Восточной Сибири. - Иркутск, 1959. - Вып. 3. - С. 54-68.
[172] Климочкин В.В. К вопросу о роли конденсации в формировании ресурсов подземных вод // Вопросы гидрогеологии криолитозоны. - Якутск: Ин-т мерзлотоведения СО АН СССР, 1975а. - С. 157-164.
[173] Климочкин В.В. К вопросу о процессе внутригрунтовой конденсации в области развития многолетнемерзлых пород // II Междунар. конф. по мерзлотоведению: Докл. - Якутск, 19756. - Вып. 3. - С. 222-223.
[174] Ковалевский B.C. Классификационная схема естественного режима грунтовых вод // Разведка и охрана недр. - 1959. - № 9. - С. 36-41.
[175] Ковалевский B.C. Условия формирования и прогнозы естественного режима подземных вод. - М.: Недра, 1973. - 153 с.
[176] Кожевников Н.Н. Тепломассоперенос в дисперсных средах при промерзании. - Иркутск: Изд-во Иркут, ун-та, 1987. - 188 с.
[177] Колосков П.И. К вопросу о тепловой мелиорации в области вечной мерзлоты и: глубокого зимнего промерзания почвы // Вечная мерзлота. - Л.: Изд-во АН СССР, 1930. - С. 201-231.
[178] Кондратьева КА.. Ершов ЭД. Строение криолитозоны и пространственная: изменчивость ее мощности // Геокриология СССР. Европейская территория СССР. - М.: Недра, 1988. - С. 105-109.
[179] Конжин ИА., Калъм В А. К вопросу о режиме и питании подземных вод в условиях распространения многолетней мерзлоты // Материалы по геологии и полезным ископаемых Северо-Востока Европейской части СССР. - М.г Недра, 1965. - Вып. 4. - С. 200-208.
[180] Конжин ИА., Кальм В А. Особенности режима подземных вод провинции многолетнемерзлых пород (на примере Печорского угольного бассейна) // Изв. вузов. Геология и разведка. - 1970. - № 3. - С. 99-106.
[181] Конищев В.Н. Формирование состава дисперсных пород в криолитосфере. - Новосибирск: Наука. Сиб. отд-ние, 1981. - 197 с.
[182] Конищев В.Н., Рогов В.В. Методы криолитологических исследований. - М . с Изд-во Моек, ун-та, 1985. - 116 с.
[183] Кононова Р.С. Гидрохимическая зональность подземных вод северо-восточной части Сибирской платформы в связи с криогенезом: Автореф. дис. ... канд. геол.-мин. наук. - Иркутск, 1971. - 21 с.

[184] Кононова Р.С. Криогенная метаморфизация подземных вод Восточно-Сибирской артезианской области // Сов. геология. - 1974. - № 3. - С. 106-115-

[185] Кононова Р.С. Криогенные факторы формирования химического состава подземных вод и особенности гидрохимической зональности территории мерзлой зоны // Проблемы теоретической и региональной гидрогеохимии. - М. : Изд-во Моек, ун-та, 1979. - Кн. I. - С. 119-123.

[186] Коноплянцев А А., Семенов С.М. Прогноз и картирование режима грунтовых вод. - М.: Недра, 1974. - 214 с.

[187] Коноплянцев АА., Семенов С.М. Изучение и прогноз режима подземных вод // Справочное руководство гидрогеолога. - Л.: Недра. Ленингр. отд-ние, 1979. - Т. 2. - С. 85-111.

[188] Коржинский Д.С. Фильтрационный эффект в растворах и его значение ддцч: геологии // Изв. АН СССР. Геология. - 1947. - № 2. - С. 33-40.

[189] Кудрявцев В.А. Романовский Н.Н., Чижов А.Б. Взаимодействие подземных вод с многолетнемерзлыми породами // 24-я сессия Междунар. геол. конгресса, ^Гидрогеология и инженерная геология": Докл. ~ М.: Наука, 1972. -С. 57-69.

[190] Кудрявцев В.А.9 Чижов А.Б. Тепловое взаимодействие мерзлых вод с подземными водами // Материалы Всесоюз. науч. совещ. по мерзлотоведению.- М.: Изд-во Моек, ун-та, 1972. - С, 63-65.

[191] Курчатова А.Н. Влияние техногенных наледей на засоление литогенной осно-вы городских ландшафтов Якутска // Криолитозона и подземные воды Си-бири. Ч, II. Подземные воды и наледи. - Якутск: Ин-т мерзлотоведения СО РАН, 1996. - С. 95-105.

[192] Лебедев А.В. Формирование баланса грунтовых вод на территории СССР. - М.: Недра, 1980. - 287 с.

[193] Лебедев В.М. Стационарные наблюдения за наледью в бассейне р. Анмангын- да // Магадан, гидрометеорол. обсерватория: Сб. работ• - Магадан, 1969• -Вып. 2•- С. 12. 2-138.

[194] Лебедева ТН. Химический состав надмерзлотных вод сезонно-талого слоя Якутской АССР // Комплексные мерзлотно-гидрогеологические исследования. -Якутск: Ин-т мерзлотоведения СО АН СССР, 1989. - С. 22-33.

[195] Лебеденко Ю.П. Термодинамика и кинетика криогенного деформирования структуры порового пространства влагонасыщенных дисперсных пород // Инж. геология. - 1987. - № 3. ~ С. 50-63.

[196] Личное Б.Л. Формирование подземных вод и единство природных вод // Тр. Лаборатории гидрогеологических проблем• - М.: Изд-во АН СССР, 1958• - Т. 16, - С. 27-33.

[197] Линков Б.Л. О значении теории Земли и о необходимости ее создания // Астрогеология: Геогр. сб. - Л.: Изд-во АН СССР, 1962. - Т. 15. - С. 7-28.

[198] Ломовцева Н.С. Режим формирования надмерзлотных вод // Пояснительная записка к карте надмерзлотных вод Якутской-Саха ССР. - Якутск: Ин-тмерзлотоведения СО РАН, 1991.

[199] Ломовцева Н.С., Толстихин О.Н. О типах режима формирования надмерзлотных вод // Комплексные мерзлотно-гидрогеологические исследования,- Якутск: Ин-т мерзлотоведения СО АН СССР, 1989. - С. 5-12.

[200] Лыков А.В. Явления переноса в капиллярно-пористых телах• - М.: Гостехтео- ретиздат, 1954. - 296 с.

[201] ЛылоВ.М.М?тоды пол?вых исследовании и учета нал?д?й при изучении р?- жима рек // Материалы по мерзлотоведению Сибири и Дальнего Восто- ка. ~ Иркутск, 1964. - С. 74-85.

[202] ЛъвовА.В.Поиски и испытания водоисточников водоснабжения на Западной части Амурской железной дороги в условиях вечной мерзлоты. ~ Иркутск, 1916. - 881 с.

[203] Макаров В.Н. Геохимия мерзлотных почв в сфере влияния городского техногенеза // Геохимия техногенеза. - Новосибирск: Наука. Сиб. отд-ние, 1986. ~ С. 118-124.

[204] Макаров В.Н. Роль криогенеза в формировании надмерзлотных вод рудных

месторождений // Условия и процессы криогенной миграции вещества.- Якутск: Ин-т мерзлотоведения СО АН СССР, 1989. - С. 37-55.
[205] Макаров В.Н. Геохимические поля в районах криолитозоны и поиски месторождений полезных ископаемых: Автореф, дис. ... д-ра геол.-мин. наук, Якутск, 1990. - 34 с.
[206] Малъчикова И.Ю.Особенности теплообмена и формирование льда воткрыткии залесенных курумах // Инженерно-геологическое изучение и оценика мерз-лых,промерзающих и протаивающих песчаных и крупнообломочны РУ тов. - Л.: Ин-т гидротехники, 1990. - С. 113-117.
[207] МарковМ.Л.Внутригодовая динамика наледей подземных вод и методыеё расчета // Проблемы нал ед введения. - Новосибирск,Нука.Сиб .отд¯н и е1991. - С. 103-116.
[208] Мейстер Л.А. О недостатках классификации подземных вод области распро странения многолетнемерзлых пород // Материалы к основам учения о мерзлых зонах земной коры. - М.: Изд-во АН СССР, 1955. -С.59-64
[209] Меламед В.Г., Перлъштейн Г.З. К математической постановке задачи об оттаивании пород с учетом инфильтрации воды // Мерзлотные исследования. М.: Изд-во Моек, ун-та, 1971. -Вып. 11. - С. 3-13.
[210] Мельников В.П., Анисимова Н.П. Вызванная поляризация и возможности ее использования при мерзлотно-гидрогеологических исследованиях // Гидрогеологические исследования криолитозоны. - Якутск: Ин-т мерзлотоведения СО АН СССР, 1976. - С. 130-151.
[211] Мельников П.И., Романовский Н.Н., Фотиев С.М. Новые направления в изучении подземных вод криогенной области // Проблемы криологии. - М.: Наука, 1983. - С. 7-21.
[212] Мельничук Н. Л. Особенности режима подземных вод бассейна о. Уды // Тр. Геол. ин-та Бурят, фил. отд-ния АН СССР. - 1976. - Вып. 6 (14). - С. 73-85.
[213] Методические рекомендации по прогнозу развития криогенных физико-геологических процессов в осваивании районов Крайнего Севера. - М.: ВСЕГИНГЕО, 1981. - 78 с.
[214] Мотрич Л.Т., Калмыков П.А. Опыт управления взаимодействием подземных вод с многолетнемерзлой толщей // Материалы 8-го Всесоюз. междувед. совещ. по геокриологии (мерзлотоведению). - Якутск, 1966. - Вып 2 - С. 206-211.
[215] Мудрое Ю.В. Морфология и генезис наледей в Центральном Забайкалье // Вопросы географического мерзлотоведения и перигляциальной морфологии. - М.: Изд-во Моек, ун-та, 1962. - С. 173-183.
[216] Невский С.Д. Методика количественной оценки наледей надмерзлотных вод / Проблемы наледеобразования. - Чита, 1973. - С. 28-30.
[217] Неизвестное Я.В. Мерзлотно-гидрогеологические исследования на о. Котельном // Геокриологические исследования при инженерных изысканияv 1974. - Т. 29. - С. 182-187. - (Тр. / ПНИИИС).-
[218] Неизвестное Я.В., Семенов Ю.П. Подземные криопэги шельфа остооовСеной Арктики // II Междунар. конф. по мерзлотоведению：Докли собщ. - Якутск, 1973. - Вып. 5. - С. 64-68
[219] звестное Я.В.. Толстихин НИ Влияние криогенеза на формирование подземных вод артезианских бассейнов Арктики // Трздоклвсесоюззлотоведению. - Мл Изд-во МосГун-іа 1970. С 75-78.
[220] НеизвестновЯ. В. тлстхинИ., Томирдиаро С ВЗемлииние криогенеза на формирование подземных вод // МлтериалыВсесоюз.науч. совещ. по мерзлотоведению - М Изд-во Моск. ун-та, 1972. - С. 94-107.
[221] Некрасов. Наледи восточной частиСтновогоНадедисибириМНаука， 1990С. 16-30.
[222] Нерсесова З.А. Влияние обменных катионов на фазовый состав воды в мерзлых грунтах // Материалы по лабораторным исследованиям мерзлых грунтов. -М.: Изд-во АН СССР, 1957. - Вып. 3, - С. 163-176.
[223] Никитина И.Б. Геохимия ультрапресных вод мерзлотных ландшафтов. - М.: Наука, 1977. - 227 с.
[224] Оберман Н.Г. Режим и баланс озерных и подземных вод в области многолетней мерзлоты

// Взаимосвязь поверхностных и подземных вод. - М.: Мин- гео СССР, 1973. - С. 41-44.
[225] Оберман Н.Г. Температурный режим подземных вод как показатель их конденсационного происхождения и водопроницаемости сезонной и многолетней мерзлоты в Воркутском районе // Тез. науч.-техн. совещ. по геотерми- ческим методам исследований. - М.: ВСЕГИНГЕО, 1975. - С. 45-47.
[226] Оберман Н.Г. О зоне аэрации в мерзлых породах (на примере Печорского угольного бассейна) // Вод. ресурсы. - 1980. - № 6. -С. 127-133.
[227] Оберман Н.Г. Некоторые черты взаимосвязи подземных и речных вод наледного пояса Урала // Мерзлотно-гидрогеологические исследования зоны свободного водообмена. - М.: Наука, 1989. - С. 64-73.
[228] Оберман Н.Г. Режим подземных вод в районах нефтедобычи и подземных ядерных взрывов // Мониторинг подземных вод криолитозоны. - Якутск: Ин-т мерзлотоведения СО РАН, 2002. - С. 34-42.
[229] Обидин Н.И. Вечная мерзлота и подземные воды Западно-Сибирского мезозойского прогиба и Сибирской платформы к северу от Полярного круга // Тр. НИИГА. - 1959. - Т. 65, вып. 13. - С. 159-173.
[230] Общее мерзлотоведение / Сумгин М.И., Качурин С.П., Толстихин Н.И., Ту- мель В.Ф. - М.: Изд-во АН СССР, 1940. - 110 с.
[231] Общее мерзлотоведение. - М.: Изд-во Моек, ун-та, 1978. - 364 с.
[232] Овчинников АМ. Общая гидрогеология. - М.: Госгеолтехиздат, 1955. - 383 с.
[233] Огарев А.Ф., Лыгин П.И., Каменская Л.Ф. Изучение баланса подземных (грунтовых) вод малых бассейнов в условиях распространения многолетне-мерзлых пород (на примере бассейна ручья Контактового) // Вопросы изучения режима подземных вод и инженерно-геологических процессов в районах распространения многолетнемерзлых пород. - Сыктывкар, 1975 - С. 54-64.
[234] Оке Т.Р. Климаты пограничного слоя. - Л.: Гидрометеоиздат, 1982. - 360 с.
[235] Оловин Б.А. Газообмен многолетнемерзлых пород с атмосферой // Теплофизи-ческиө исследования криолитозоны Сибири. - Новосибирск: Наука. Сиб,отд-ние, 1983. - С. 86-111.
[236] Орлянский В.В. Криогалинные воды (криопэги) на побережьях Карского и Печорского морей // Криогидрогеологические исследования. - Якутск: Ин-т мерзлотоведения СО АН СССР, 1985. - С. 24-34.
[237] Основы геокриологии (мерзлотоведения). Общая геокриология. - М.: Изд-во АН СССР, 1959. - 460 с.
[238] Основы гидрогеологии. Общая гидрогеология. - Новосибирск: Наука. Сиб. отд-ние, 1980.- 231 с.
[239] Охотников И.И. О влиянии сезонного промерзания на зимний режим надмерзлотных и грунтовых вод // Проблемы регионального зимоведения. - 1968.- Вып. 2. - С. 92-94. - (Забайкал. фил. геогр. о-ва СССР).
[240] Павлов А.Н.Геологический круговорот воды на Земле·– JL: Недра. Ленингр, отд-ние, 1977.-144 с.
[241] Павлова Н.А. Условия формирования и режим техногенных криопэгов в долине Туймаада: Автореф. дис. ... канд. геол.-мин. наук.- Якутск. 2002. -22 с.
[242] Павлова Н.А. Экспериментальные исследования мерзлотно-гидрогеологических условий засоленных грунтов под воздействием естественного холода //Материалы конф. “Сергеевские чтения”. - М.: ГЕОС, 2006. - Вып. 8.-С. 143-146.
[243] Павлова Н.А. Динамика мерзлотно-гидрогеохимической обстановки на участке распространения криопэгов в г. Якутске // Наука и образование.-2010. - № 3. - С. 15-19.
[244] Павлова Н.А.,Сериков С.И. Роль техногенных барражей в системе формирования поверхностного стока на территории г. Якутска и их влияние на обводненность // Научное обеспечение решения ключевых проблем развития г. Якутска. - Якутск: Сфера, 2010. - С. 106-110.

[245] Папернов И.М., Зинченко А.И., Замощ М.Н. Экспериментальные исследования в условиях от-рицательных температур зоны аэрации // Взаимосвязь поверхностных и подземных вод мерзлой зоны. - Якутск: Ин-т мерзлотоведения СО АН СССР, 1980. - С. 62-82.

[246] Перлъштейн Г.З. О влиянии фильтрации воды на скорость оттаивания песчаных и крупнообломочных отложений // Мерзлотные исследования. - М.: Изд-во Моек, ун-та, 1968. - Вып. 8. - С. 43-49.

[247] Перлъштейн Г.З. Водно-тепловая мелиорация мерзлых пород на Северо-Востоке СССР. - Новосибирск: Наука. Сиб. отд-ние, 1979. - 304 с.

[248] Петров В.Г. Наледи на Амуро-Якутской магистрали. - Л.: Изд-во АН СССР, 1930. - 177 с.

[249] Печерин А.Т., Устинова З.Г. Состояние изучения режима подземных вод, принципы размещения и перспективы расширения опорной сети в районах преимущественного распространения многолетнемерзлых пород // Вопросы изучения режима подземных вод и инженерно-геологических процессов в районах распространения многолетнемерзлых пород. - Сыктывкар, 1975.- С. 16-22.

[250] Пигузова В.М., Толстихин О.Н. Некоторые вопросы исследования наледей // Мерзлотно-гидрогеотермические и гидрогеологические исследования на Востоке СССР. - М.: Наука, 1967. - С. 30-39.

[251] Пигузова Б.М., Шепелёв В.В. Режим наледеобразующих источников Центральной Якутии // Геокриологические и гидрогеологические исследования Сибири. -Якутск: Ин-т мерзлотоведения СО АН СССР, 1972, - С. 177-186.

[252] Пигузова В.М., Шепелёв В.В. Методика изучения наледей. - Якутск: Ин-т мерзлотоведения СО АН СССР, 1975. - 62 с.

[253] Пиннекер Е.В. Взаимодействие криолитосферы и подземных вод глубоких го- ризонтов артезианских бассейнов // II Междунар. конф. по мерзлотоведению: Докл. и сообщ. - Якутск: Ин-т мерзлотоведения СО АН СССР, 1973. - Вып. 5. - С. 106-110.

[254] Пиннекер Е.В. Некоторые замечания о терминологии //II Междунар. конф. по мерзлотоведению: Докл. и сообщ, - Якутск: Ин-т мерзлотоведения СО АН СССР, 1975.- Вып. 8. - С. 270-271.

[255] Пиннекер Е.В. Предмет гидрогеологии // Основы гидрогеологии. - Новосибирск: Наука. Сиб. отд-ние, 1980. - С. 9-40.

[256] Пиннекер Е.В., Писарский Б.И. Подземные воды зоны Байкало-Амурской магистрали. -Новосибирск: Наука. Сиб. отд-ние, 1977. - 86 с.

[257] Пиннекер Е.В., Писарский Б .И. Особенности взаимодействия подземных вод и многолетнемерзлых пород // Региональная гидрогеология и инженерная геология Восточной Сибири. -Новосибирск: Наука. Сиб. отд-ние, 1978, -С. 21-27.

[258] Питулько В.М. Влияние криогенеза на формирование вторичных геохимических полей месторождений полезных ископаемых // Миграция химических элементов в криолитозоне. - Новосибирск: Наука. Сиб. отд-ние, 1985.- С. 21-40.

[259] Питъева К.Е. Гидрогеохимические аспекты охраны геологической среды.- М.: Наука, 1984. - 222 с.

[260] Питъева К.Е. Гидрогеохимия. - М.: Изд-во Моск, ун-та, 1988. - 316 с.

[261] Подгорная Т.И. Оценка природных условий территории для градостроительства. -Хабаровск: Изд-во ТОГУ, 2007. - 135 с.

[262] Подтопление застраиваемых территорий грунтовыми водами и их инженерная защита // Тез. докл. Всесоюз. науч.-техн. конф. в Ташкенте. - М.: ВНИИводгео, 1978. - 164 с.

[263] Пономарев В.М. Формирование подземных вод по побережью северных морей в зоне вечной мерзлоты. - М.: Изд-во АН СССР, 1950. - 95 с.

[264] Пономарев В.М. Геотермическая ступень в Арктической области вечной мерзлоты СССР // Тр. Ин-та мерзлотоведения им. В.А. Обручева. - 1953.- Т, 12. - С. 11-113.

[265] Пономарев В.М. Подземные воды территории с мощной толщей многолетнемерзлых горных пород. - М.: Изд-во АН СССР, 1960. - 200 с.

[266] Пономарева О.Е. Критерии картографирования надмерзлотных вод рыхлых отложений //

Мерзлотно-гидрогеологические исследования зоны свободного водообмена.- М.: Наука, 1989. - С. 132-139.
[267] Попов А.И. Мерзлотные явления в земной коре (криолитозоне). - М.: Изд-во Моск, ун-та, 1967. - 304 с.
[268] Попов А.И. О географической зональности криолитогенеза // Вестн. Моск, унта. География. - 1976. -№ 4. - С. 55-60.
[269] Попов А.И. Криолитогенез как зональный тип литогенеза // Проблемы геокриологии. -М.: Наука, 1983. - С. 35-43.
[270] Попов А.И., Розенбаум Г.Э., Тумель И.В. Криолитология. - М.: Изд-во Моск, ун-та, 1985. - 238 с.
[271] Посохов Е.В. Общая гидрогеохимия. - Л.: Недра. Ленингр. отд-ние, 1975.-208 с.
[272] Потрашков Г.Д., Хрусталев Л.Н. О влиянии текстуры оттаявших глинистых грунтов на их прочность и фильтрационные свойства // Изв, СО АН СССР.- 1961. -№ 1.- С. 31 -35.
[273] Пояснительная записка к карте надмерзлотных вод Якутской-Саха ССР м-ба 1:2 500 000. - Якутск: Ин-т мерзлотоведения СО АН СССР, 1991. - 40 с.
[274] Приклонский В.Л. Основные вопросы экспериментальных исследования при изучении форми-рования подземных вод // Тр. Лаборатории гидрогеологических проблем. - М.: Изд-во АН СССР, 1958. - Т. 16. - С. 86-105.
[275] Прогноз изменения гидрогеологических условий застраиваемых территорий.- М.: Стройиздат, 1980. - 136 с.
[276] Пчелинцев А.М. Строение и физико-механические свойства мерзлых грунтов.- М.,1964. -260 с.
[277] Рейнюк И.Т. Конденсация в деятельном слое вечной мерзлоты // Тр. ВНИИ-I. - Магадан, 1959. -вып.15.- 24 с.
[278] Рекомендации по методике изучения процессов сезонного промерзания и протаивания грунтов. - М.: Стройиздат, 1986. - 48 с.
[279] Рекомендации по методике оценки и прогноза гидрогеологических условий при подтоплении городских территорий. - М.: Стройиздат, 1983. - 239 с.
[280] Рекомендации по прогнозам подтопления промышленных площадок грунтовыми водами. - М.: ВНИИводгео, 1976. - 74 с.
[281] Рекомендации по прогнозу теплового состояния мерзлых грунтов. -М.: Стройиздат,1989. -73 с.
[282] Рогов В.В. Основы криогенеза (учеб.-метод, пособие). - Новосибирск: Акад. изд-во “Гео” , 2009.- 203 с.
[283] Роде А.А, Основы учения о почвенной влаге. Т. 1. Водные свойства почв и передвижение почвенной влаги. - Л.: Гидрометеоиздат, 1965. - 664 с.
[284] Романовский Н.Н. Схема подразделения подземных вод области распространения многолетнемерзлых горных пород // Методика гидрогеологических исследований и ресурсы подземных вод Сибири и Дальнего Востока. - М.: Наука, 1966. - С. 28-41.
[285] Романовский Н.Н, Подземные воды области распространения многолетнемерзлых пород и их взаимодействие с мерзлыми толщами // Общее мерзлотоведение. -М.: Изд-во Моск, ун-та, 1967. - С. 310-330.
[286] Романовский Н.Н. О геологической деятельности наледи // Мерзлотные исследования. -М.: Изд-во Моск, ун-та, 1973. - Вып. 8. - С. 66-89.
[287] Романовский Н.Н. Формирование полигонально-жильных структур. - Новосибирск: Наука. Сиб. отд-ние, 1977. - 215 с.
[288] Романовский Н.Н. Подземные воды области распространения многолетнемерзлых пород и их взаимодействие с мерзлыми толщами // Общее мерзлотоведение. -М.: Изд-во Моск, ун-та, 1978. - С. 352-376.
[289] Романовский Н,Н. Подземные воды и талики области распространения многолетнемерзлых пород // Мерзлотоведение. - М.: Изд-во Моск, ун-та, 1981.- С. 176-189.
[290] Романовский Н.Н. Подземные воды криолитозоны. - М.: Изд-во Моск, ун-та, 1983. - 232 с.

[291] Романовский Н.Н., Чижов А.Б. Вопросы взаимосвязи и взаимодействия подземных вод и мерзлых горных пород // Весты. Моск, ун-та. Геология.- 1967. - № 4. - С. 22-36.
[292] Романовский Н.Н., Шапошникова Е.А. Изучение зонального характера морозобойного растрескивания // Мерзлотные исследования. - М.: Изд-во Моск, ун-та, 1971. - Вып. 11.- С. 89-107.
[293] Румянцев Е.А. Анализ динамики наледей и эффективности различных типов противоналедных устройств на Забайкальской и Дальневосточной желез- ных дорогах: Автореф. дис. ••• канд. техн. наук. - Хабаровск,1966. - 22 с.
[294] Румянцев Е.А. Режим надмерзлотных вод Керакского наледного участка и связанные с ним особенности развития наледи // Мерзлотно-гидрогеотер- мичческие и гидрогеологические исследования на Востоке СССР. - М.: Наука, 1967. - С. 40-50.
[295] Румянцев Е.А. Влияние мерзлотно-гидрогеологических условий на динамику грунтовых наледей // Наледи Сибири. - М.: Наука, 1969. - С. 117-127.
[296] Румянцев Е.А. Теория наледных процессов и практика противоналедных мероприятий. -Хабаровск: Изд-во ХабИИЖТ, 1982. - 58 с.
[297] Румянцев Е.А. Механизм развития наледного процесса // Проблемы наледеоб- разования. - Новосибирск: Наука. Сиб. отд-ние, 1991, - С. 55-66.
[298] Рябов В.К., Полин Ю.К. Динамика развития наледей и инженерно-геологические условия на автомобильных дорогах Дальнего Востока в зимний период // Проблемы зимоведения. - Чита, 1972. - Вып. 4. - С. 76-78.
[299] Саваренский Ф.П. О принципах гидрогеологического районирования // Сов. геология. - 1947. - № 19. - С. 19-23.
[300] Савельев БЛ. Физика, химия и строение природных льдов и мерзлых горных пород. - М.: Изд-во Моек, ун-та, 1971. - 508 с.
[301] Савельев БЛ. Физико-химическая механика мерзлых пород. - М.: Недра, 1989. - 215 с.
[302] Санникова А.В. Изучение особенностей режима надмерзлотных вод на урбанизированных территориях криолитозоны (на примере г. Якутска) // Фундаментальные проблемы изучения и использования воды и водных ресурсов. - Иркутск: Ин-т географии СО РАН, 2005. - С. 139-140.
[303] Семенов С.М., Батрак Г.Г. Исследование нарушенного режима подземных вод на городских территориях // Материалы науч. сессии Науч. совета РАН по проблемам геоэкологии, инженерной геологии и гидрогеологии (Сергеевские чтения; Вып. 3). - М.: ГЕОС, 2001. - С. 254-259.
[304] Сенъков А.А. Сезонная динамика влагообмена между грунтовыми водами и зоной аэрации в Кулундинской степи // Особенности мелиорации земель Западной Сибири. - Новосибирск: Наука. Сиб. отд-ние, 1979. - С. 183-189.
[305] Славянов Н.Н. Учение В.И. Вернадского о природных водах и его значение. - М.: Моск, о-во испытания природы, 1948. - 124 с.
[306] Словарь по гидрогеологии и инженерной геологии. - М.: Гостоптехиздат, 1961. - 144 с.
[307] Смирнов С.И. Введение в изучение геохимической истории подземных вод се-диментационных бассейнов. - М.: Недра, 1974. - 263 с.
[308] Соколов Б.Л. Исследование закономерностей формирования наледей // Тр.ГГИ. - Л.: Гидрометеоиздат, 1970. - С. 73-96.
[309] Соколов БЛ. Математическое описание процессов формирования и разрушения наледей. - Обнинск: ВНИИГМИ, 1977. - 64 с.
[310] Соколов БЛ. Стокоформирующая роль наледей // Вод. ресурсы. - 1986. - № 1. - С. 3-14.
[311] Соколов БЛ. Гидрология наледей. Основные итоги и задачи исследований // Проблемы наледеведения. - Новосибирск: Наука. Сиб. отд-ние, 1991. - С. 24-40.
[312] Соколов БЛ. Новые результаты экспериментальных исследований литогенной составляющей речного стока // Вод. ресурсы. - 1996. - Т. 23, № 3. - С. 278-287.
[313] Соловьева Г.В. К принципам составления карты зоны аэрации районов распространения многолетнемерзлых пород (на примере Северо-Востока СССР и севера Восточной Сибири) // Вопросы изучения режима подземных вод и инженерно-геологических

процессов в районах распространения многолет-немерзлых пород. - Сыктывкар, 1975. - С. 95-109.

[314] Сотников А.В. Гидрогеологические процессы при строительстве в суровых климатических условиях. - М.: Недра, 1984. - 81 с.

[315] Стамбовская Я.В. Оценка динамики уровенного режима надмерзлотных вод деятельного слоя на территории г. Якутска // Научное обеспечение решения ключевых проблем развития г. Якутска. - Якутск: Сфера, 2010. - С. 113-115.

[316] Стремяков АЯ. Особенности формирования химического состава грунтовых и поверхностных вод Чукотского полуострова // Гидрохимические материа-лы. - Л.: Гидрометеоиздат, 1965. - Т. 39. - С. 15-28.

[317] Стремяков АЯ. Режим грунтовых вод конусов осыпания Чукотского полуострова // Гидрогеология и инж. геология. - 1967. - Вып. 37. -С. 77 83.

[318] Стульников В.Б. О некоторых особенностях режима вод зоны азрации южной части Тюменской области // Вопросы гидрогеологии и инженерной геологии Сибири. - Тюмень, 1975. -Вып. 42. - С. 127-130. - (Тр. / Тюм. ин- дустр. ин-т).

[319] Сумгин М.И. Вечная мерзлота почвы в пределах СССР. 2-е изд. - М.: Изд-во АН СССР, 1937. - 380 с.

[320] Суходольский С.Е. О парагенезе подземных вод и толщ многолетнемерзлых горных пород // Мерзлотные исследования и вопросы строительства. - Сыктывкар, 1967. - Вып. 3. - С. 169-181.

[321] Суходольский С.Е. Парагенезис подземных вод и многолетнемерзлых пород. - М.: Наука, 1982. - 152 с.

[322] Толстихин Н.И. Инструкция по изучению наледей // Сборник инструкций и программных указаний по изучению мерзлых грунтов и вечной мерзлоты. - М.; Л.: Изд-во АН СССР, 1938. - С. 73-84.

[323] Толстихин Н.И. Подземные воды мерзлой зоны литосферы. - М.; Л.: Госгеол- техиздат, 1941. - 202 с.

[324] Толстихин Н.И., Максимов В.М. Якутский артезианский бассейн // Зап. Ле- нингр. горного ин-та. - 1955. - Т. 31, вып. 2. - С. 18-24.

[325] Толстихин Н.И., Толстихин О.Н. Подземные и поверхностные воды территории распространения мерзлой зоны // Общее мерзлотоведение. - Новосибирск: Наука. Сиб. отд-ние, 1974. - С. 192-229.

[326] Толстихин О.Н. Об одном своеобразном типе артезианских бассейнов зоны многолетнемерзлых пород // Докл. АН СССР. - 1965. - Т. 163, № 6. - С. 1463-1466.

[327] Толстихин О.Н. Значение и учет наледных процессов в балансе подземных вод зоны многолетнемерзлых пород Якутии // Наледи Сибири. - М.: Наука, 1969. - С. 134-140.

[328] Толстихин О.Н. Наледи и подземные воды Северо-Востока СССР. - Новосибирск: Наука. Сиб. отд-ние, 1974. - 164 с.

[329] Тюрин А.И., Романовский Н.Н., Полтев Н.Ф. Мерзлотно-фациальный анализ курумов. - М.: Наука, 1982. - 150 с.

[330] Тютюнов ИА. Миграция воды в торфяно-глеевой почве в периоды замерзания и замерзшего ее состояния в условиях неглубокого залегания вечной мерзлоты. - М.: Изд-во АН СССР, 1951. - 140 с.

[331] Тютюнов ИА. Физико-химические процессы в мерзлых грунтах // Общая геокриология: Основы геокриологии. - М.: Изд-во АН СССР 1959 - С. 115-121.

[332] Тютюнов ИА. Процессы изменения и преобразования почв и горных пород при отрицательной температуре (криогенез). - М.: Изд-во АН СССР, 1960. -144 с.

[333] Тютюнов ИА. Фазовые превращения воды в грунтах, природа ее миграции и пучения // междунар. конф. по мерзлотоведению. - М.: Изд-во АН СССР, 1963. - С. 71-80.

[334] Федоров А.М. Режим формирования наледей Аимо-Учурского междуречья // Региональные и тематические исследования. -Новосибирск: Наука. Сиб. отд-ние, 1975. - С. 64-68.

[335] Федорова Т.К. Физико-химические процессы в подземных водах. - М.: Недра, 1985. - 182 с.

[336] Фельдман Г.М. Прогноз температурного режима грунтов и развития криогенных процессов. - Новосибирск: Наука. Сиб. отд-ние, 1977. - 191 с.
[337] Фельдман Г.М. Термокарст и вечная мерзлота. - Новосибирск: Наука. Сиб. отд-ние, 1984. - 262 с.
[338] Фельдман Г.М. Передвижение влаги в талых и промерзающих грунтах. - Новосибирск: Наука. Сиб. отд-ние, 1988. - 256 с.
[339] Фотиев С.М. Подземные воды и мерзлые породы Южно-Якутского угленосного бассейна. - М.: Наука, 1965. - 230 с.
[340] Фотиев С.М. Проблема взаимодействия подземных вод и мерзлых толщ в различных типах гидрогеологических структур на территории СССР // Материалы 8-го Всесоюз. междувед. совещ. по геокриологии (мерзлотоведению). - Якутск, 1966. - Вып. 2. - С. 38-47.
[341] Фотиев С.М. Роль химического состава и минерализации подземных вод в процессе промерзания водоносных комплексов Сибирской платформы // Геокриологические и гидрогеологические исследования при инженерных изысканиях. - 1971. - Т. 2. - С. 205-209. - (Тр. / ПНИИИС).
[342] Фотиев С.М. Строение криогенной толщи Западной Сибири // Тр. ПНИИИС Госстроя СССР. -1972. - Т. 18. - С. 11-123.
[343] Фотиев С.М. Влияние геокриологических факторов на режим подземных вод в пределах криолитозоны СССР // Вопросы изучения режима подземных вод и инженерно-геологических процессов в районах распространения многолетнемерзлых пород. - Сыктывкар, 1975. - С. 34-43.
[344] Фотиев С.М. Гидрогеологические особенности криогенной области СССР. - М.: Наука, 1978. - 236 с.
[345] Фотиев С.М. Закономерности формирования ионно-солевого состава природных вод Ямала // Криосфера Земли. - 1999. - Т. III, № 2. - С. 40-65.
[346] Фотиев С.М. Криогенный метаморфизм пород и подземных вод (условия и результаты). - Новосибирск: Акад. изд-во “Гео”, 2009. - 279 с.
[347] Ходьков А.Е., Валуконис Г.Ю. Формирование и геологическая роль подземных вод. - Л.: Изд-во Ленингр. ун-та, 1968. - 216 с.
[348] Цуканов Н.А. Учет солнечной радиации и конвективного теплопереноса с фильтрующей водой при теплотехнических расчетах насыпей, возводимых на вечномерзлых грунтах // Совещание-семинар по обмену опытом проектирования, строительства и эксплуатации зданий и сооружений на вечномерзлых грунтах. - Красноярск, 1966. - Т. 5.- С. 136-161.
[349] Цытович Н.А. К теории равновесного состояния воды в мерзлых грунтах // Изв. АН СССР. География и геофизика. - 1945. - Т. 9, № 5-6. - С. 493- 502.
[350] Чекотилло А.М. Наледи и борьба с ними. - М.: Гушосдор НКВД СССР, 1940.-136 с.
[351] Чижов А.Б. О роли взаимодействия многолетнемерзлых пород и подземных вод в формировании мерзлотно-гидрогеологических условий (на примере Западной Якутии) // Мерзлотные исследования. - М.: Изд-во Моск. унта, 1968. - Вып. 8. - С. 111-122.
[352] Чижов А.Б. Вопросы исследования мерзлых пород и подземных вод как саморегулирующей системы // II Междунар. конф. по мерзлотоведению.- Якутск: Ин-т мерзлотоведения СО АН СССР, 1973. - Вып. 6. - С. 56-59.
[353] Чижова Н.И. Изучение наледей подземных вод при гидрогеологической съемке и оценке подземного стока в области распространения многолетнемерзлых пород на примере Южной Якутии // Мерзлотные исследования.- М.: Изд-во Моск. ун-та, 1966. - Вып. 5. -С. 188-193.
[354] Чистотинов Л.В. Миграция влаги в промерзающих неводонасыщенных грунтах. - М.: Наука, 1973. - 144 с.
[355] Чистотинов Л.В. Криогенная миграция влаги и пучение горных пород // Обзор ВИЭМС. Сер. 8 . - М . , 1974. - 48 с.
[356] Чубаров В.Н. Теория и методы гидрогеологического изучения зоны аэрации: Автореф. дис. ... д-ра геол.-мин. наук. - М., 1990. - 34 с.
[357] Шац М.М. Экологические проблемы северных городов (на примере Якутска) // Экология

и жизнь. - 2008. - № 12. - С. 64-69.
[358] Шац М.М., Сериков С.И. Современное обводнение территории г. Якутска // Наука и образование. - 2009. - № 4. - С. 162-172.
[359] Шварцев С.Л. О физико-химических процессах в почвах и горных породах. - М.: Наука, 1965. - С. 132-141.
[360] Шварцев С.Л. Геохимическая деятельность мерзлоты // Природа. - 1975. - № 7. - С. 66-73.
[361] Шварцев С.Л. Гидрогеохимия зоны гипергенеза. - М.: Недра, 1978. - 336 с.
[362] Шварцев С.Л. Новые горизонты гидрогеологии // Подземные воды востока России: Материалы Всерос. совещ. - Тюмень: Тюм. дом печати, 2009. - С. 3-7.
[363] Швецов П.Ф. Подземные воды Верхояно-Колымской горноскладчатой области и особенности их проявления, связанные с низкотемпературной вечной мерзлотой. - М.: Изд-во АН СССР, 1951. - 279 с.
[364] Швецов П.Ф. Криогенные геохимические поля на территории многолетней криолитозоны // Изв. АН СССР. Сер. геол. - 1961. - № 1. - С. 46-51.
[365] Швецов П.Ф. Закономерности гидрогеотермических процессов на Крайнем Северо-Востоке СССР. - М.: Наука, 1968. - 110 с.
[366] Швецов П.Ф. Основные особенности режима подпочвенных вод на территории с беспрестанномерзлыми породами // Вопросы изучения режима подземных вод и инженерно-геологических процессов в районах распространения многолетнемерзлых пород. - Сыктывкар, 1975. - С. 8-15.
[367] Швецов П.Ф., Ковалъков В.П. Физическая геокриология. - М.: Наука, 1986. - 176 с.
[368] Швецов П.Ф., Мейстер П.А. Дождевально-инфильтрационный способ протаи- вания россыпей как один из приемов гидрогеотермической мелиорации мерзлых горных пород // Изв. АН СССР. Сер. геогр. - 1956. - № 6. - С. 79-84.
[369] Шепелёв В.В. Оценка наледного питания и надледного стока бассейнов рек Момы и Тихон-Юрях (притоки Индигирки) // Геокриологические и гидрогеологические исследования Сибири. - Якутск: Кн. изд-во, 1972а. - С. 187-189.
[370] Шепелёв В.В. Оценка суффозионно-эрозионной деятельности источников Центральной Якутии // Изв. вузов. Геология и разведка. - 1972б. - № 9. - С. 88-92.
[371] Шепелёв В.В. Некоторые вопросы изучения режима и классификации наледей мерзлой зоны литосферы // Проблемы наледеобразования. - Чита, 1973а. - С. 14-18.
[372] Шепелёв В.В. Режим наледей Северо-Востока СССР // Проблемы наледеобразования. - Чита, 1973б. - С. 45-47.
[373] Шепелёв В.В. Особенности разгрузки подземных вод мерзлой зоны // Вопросы гидрогеологии криолитозоны. - Якутск: Ин-т мерзлотоведения СО АН СССР, 1975. - С. 45-56.
[374] Шепелёв В.В. О взаимосвязи озер и подземных вод на массивах развеваемых песков Центральной Якутии // Гидрогеологические условия мерзлой зоны. - Якутск: Ин-т мерзлотоведения СО АН СССР, 1976а. - С. 46-59.
[375] Шепелёв В.В. Перераспределение воды в промерзающих грубодисперсных горных породах и надледные явления // Гидрогеологические исследования криолитозоны. - Якутск: Ин-т мерзлотоведения СО АН СССР, 1976б. - С. 93-99.
[376] Шепелёв В.В. О режиме, балансе и особенностях питания межмерзлотных вод песчаных массивов Центральной Якутии // Геокриологические и гидрогеологические исследования Якутии. - Якутск: Кн. изд-во, 1978. - С. 145-162.
[377] Шепелёв В.В. Режим источника и наледи Мугур-Тарын в Центральной Якутии // Исследование наледей. - Якутск: Ин-т мерзлотоведения СО АН СССР, 1979. - С. 87-97.
[378] Шепелёв В.В. Роль процессов конденсации в питании подземных вод мерзлой зоны // Взаимосвязь поверхностных и подземных вод мерзлой зоны. - Якутск: Ин-т мерзлотоведения СО АН СССР, 1980. - С. 43-56.
[379] Шепелёв В.В. Подземные воды тулуканов Центральной Якутии // Эоловые образования Центральной Якутии. - Якутск: Ин-т мерзлотоведения СО АН СССР, 1981. - С. 30-40.
[380] Шепелёв В.В. Надмерзлотные воды криолитозоны, их подразделение и характеристика //

Проблемы геокриологии. - М.: Наука, 1983а. - С. 239-244.
[381] Шепелёв В.В. О гидрогеологической классификации гравитационных подземных вод криолитозоны // Методика гидрогеологических исследований криолитозоны. - Новосибирск: Наука. Сиб. отд-ние, 1983б. - С. 4-22.
[382] Шепелёв В.В. Общие закономерности взаимосвязи подземных вод и многолетнемерзлых пород // Мерзлотно-гидрогеологические условия Восточной Сибири. - Новосибирск: Наука. Сиб. отд-ние, 1984. - С. 58-61.
[383] Шепелёв В.В. О формировании и распространении надмерзлотных вод на территории Якутской АССР // Криогидрогеологические исследования. - Якутск: Ин-т мерзлотоведения СО АН СССР, 1985. - С. 3-15.
[384] Шепелёв В.В. Родниковые воды Якутии. - Якутск: Кн. изд-во, 1987. - 127 с.
[385] Шепелёв В.В. Об особенностях гидрохимического режима химического состава надмерзлотных вод криолитозоны // Гидрогеология: формирование химического состава вод. - Новочеркасск, 1989. - С. 26-37.
[386] Шепелёв В.В. О классификации и гидрохимическом режиме надмерзлотных вод // Тез. докл. Всесоюз. совещ. по подземным водам Востока СССР. - Иркутск; Томск, 1991. - С. 168-169.
[387] Шепелёв В.В. Геокриологические условия формирования и классификации надмерзлотных вод // Формирование подземных вод криолитозоны. - Якутск: Ин-т мерзлотоведения СО АН СССР, 1992. - С. 3-14.
[388] Шепелёв В.В. Надмерзлотные воды. Особенности формирования и распространения (учеб. пособие). - Якутск: Ин-т мерзлотоведения СО РАН, 1995а. - 47 с.
[389] Шепелёв В.В. Некоторые результаты изучения режима надмерзлотных вод на территории г. Якутска // Геология и полезные ископаемые Якутии. - Якутск: Изд-во Якут.ун-та, 1995б. - С. 181-193.
[390] Шепелёв В.В. Принцип единства природных вод и необходимость его учета при геоэкологических исследованиях // Геоэкология. - 1996а. - № 1. - С. 41-50.
[391] Шепелёв В.В. О феноменологическом подходе к оценке влагопереноса в зоне аэрации криолитосферы (на примере Центральной Якутии) // Материалы Первой конф. геокриологов России. - М.: Изд-во Моск. ун-та, 1996б. - Т. 2. - С. 91-100.
[392] Шепелёв В.В. К понятию о зоне аэрации криолитосферы // Современные проблемы гидрогеологии. - СПб.: Изд-во С.-Петерб. ун-та, 1996в. - С. 51-53.
[393] Шепелёв В.В. К понятию о криолитосфере Земли. - Якутск: Ин-т мерзлотоведения СО РАН, 1997а. - 80 с.
[394] Шепелёв В.В. Гидрогеологические особенности района Якутска и основные проблемы борьбы с подтоплением территории // Материалы науч.-практ. конф. “Якутск - столица северной республики”. - Якутск: Фонд “Градосфера”, 1997б. - С. 51-56.
[395] Шепелёв В.В. О связи особенностей формирования и распространения надмерзлотных вод деятельного слоя с зональностью развития процессов криолитогенеза в Северной Евразии // Проблемы региональной гидрогеологии. - СПб.: Изд-во С.-Петерб. ун-та, 1998. - С. 43-48.
[396] Шепелёв В.В. Фазовые переходы воды - основа природных водообменных циклов // Фундаментальные проблемы воды и водных ресурсов на рубеже 3-го тысячелетия. - Томск: Изд-во НТЛ, 2000. - С. 495-498.
[397] Шепелёв В.В. О круговороте природных вод // Вод. ресурсы. - 2001. - Т. 28, № 4. - С. 418-423.
[398] Шепелёв В.В. Общая характеристика основных типов подземных вод криоли- тозоны // Мониторинг подземных вод криолитозоны. - Якутск: Ин-т мерзлотоведения СО РАН, 2002. - С. 5-17.
[399] Шепелёв В.В. Особенности взаимосвязи подземных и поверхностных вод // Теплообмен в мерзлотных ландшафтах Восточной Сибири и его факторы. - М.; Тверь: Триада, 2007а. - С. 27-28.
[400] Шепелёв В.В. О системе инженерной защиты территории г. Якутска от опасных

технoприродных процессов // Материалы годичной сессии Науч. совета РАН по проблемам геоэкологии, инженерной геологии и гидрогеологии. - М.: ГЕОС, 2007б. - Вып. 9. - С. 423-426.
[401] Шепелёв В.В. О схеме круговорота природных вод // Докл. VI Всерос. гидрологического съезда. Секц. 3, ч. 1. - М.: Метеоагентство Росгидромета, 2008. - С. 72-76.
[402] Шепелёв В.В. Надмерзлотные воды криолитосферы и их классификация // География и природ.ресурсы. - 2009. - № 2. - С. 62-67.
[403] Шепелёв В.В., Ломовцева Н.С. Озера криолитозоны Бестяхской террасы р. Лены и их взаимосвязь с подземными водами // Тематические и региональные исследования мерзлых толщ северной Евразии. - Якутск: Ин-т мерзлотоведения СО АН СССР, 1981. - С. 106-115.
[404] Шепелёв В.В., Попенко Ф.Е. Об инженерной защите территории г. Якутска от подтопления и обводнения // Наука и техника в Якутии. - 2007. - № 2. - С. 15-18.
[405] Шепелёв В.В., Санникова А.В. Динамика надмерзлотных вод деятельного слоя на территории г. Якутска // Итоги геокриологических исследований в Якутии в XX веке и перспективы их дальнейшего развития. - Якутск: Ин-т мерзлотоведения СО РАН, 2003. - С. 135-138.
[406] Шепелёв В.В., Шац М.М. Геоэкологические проблемы обводнения и подтопления территории г. Якутска // Наука и образование. - 2000. - № 3. - С. 68-71.
[407] Шестернев Д.М., Верхотуров А.Г. Наледи Забайкалья. - Чита: Изд-во Чит. ун-та, 2006. - 213 с.
[408] Шульгин М.Ф. Типы и динамика наледей на Восточном Саяне // Проблемы регионального зимоведения. - Чита, 1968. - Вып. 2. - С. 95-96.
[409] Шумилов Ю.В. Континентальный литогенез и россыпеобразование в криолитозоне. - Новосибирск: Наука. Сиб. отд-ние, 1986. - 173 с.
[410] Шумский П.А. Строение мерзлых грунтов // Материалы по лабораторным исследованиям мерзлых грунтов. - М., 1957. - С. 52-71.
[411] Шур Ю.Л. Верхний горизонт толщ мерзлых пород и термокарст. - Новосибирск: Наука. Сиб. отд-ние, 1988. - 214 с.
[412] Южная Якутия. Мерзлотно-гидрогеологические и инженерно-геологические условия Алданского горно-промышленного района. - М.: Изд-во Моск. унта, 1975. - 444 с.
[413] Яницкий П.А. Методы расчета миграции влаги при сезонном промерзании-оттаивании грунтов // Инж. геология. - 1989. - № 5. - С. 42-51.
[414] Ясько В.Г. Режим подземных вод в областях проявления криогенных процессов и гидрохимическая зональность ископаемых льдов (на примере Забайкалья) // II Междунар. конф. по мерзлотоведению: Докл. и сообщ. - Якутск: Ин-т мерзлотоведения СО АН СССР, 1973. - С. 114-118.
[415] Ясько В.Г. Роль современных криогенных процессов в формировании состава подземных вод гидрогеологических массивов Забайкаолья // Впросы гидрогеологии криолитозоны. - Якутск: Ин-т мерзлотоведения СО АН СССР, 1975. - С. 133-142.
[416] Ясько В.Г. Подземные воды межгорных впадин Забайкалья. - Новосибирск: Наука. Сиб. отд-ние, 1982. -169 с.
[417] Brown R.J.E.Permafrost in Canada.-Toronto:Univ.Toronto Press，1970.-234 p.
[418] Carey K.L. Icings developed from surface water and ground water.-Hanover，New Hampshire:Corps of Eng.U.S.Army，1973.-67 p.
[419] Chamberlain E.，Gow A.J. Effect of fressing thawing on the permeability and structure of soils//Eng.Geol.-1979.-V.13.-P.73-92.
[420] Mackay J.R. Winter cracking (1967-1973) of ice-wedges Carry Islang//Geol.Surf.Gun.-1973.-Pt 731.- P.161-163.
[421] Outcalt S.J. The development and application of simple digital surface - climate simulator // Amer.Geogr.Soc.Sci.Result. - 1974. - V.4. - P.121-128.
[422] Shepelev V.V. A classification of ground water in the cryolithozone//Proc.of the Permafrost

Fourth Fourth Intern. - Washington:Nat.Acad.Press,1983. - P.1139-1142.
[423] Крайнов С.Р., Швец В.М. Гидрогеохимия. - М.: Недра, 1992. - 463 с.
[424] Shepelev V.V. The role of precipitation in the suprapermafrost water blance in the seasonally thawing layer under the condition of Yakutai // GFME Publ.-1998.-N 10.-P.19-24.
[425] Shepelev V.V. Plase changts of water ag a basis of the water and energy exchangefunction of the Cryosphere // proc. Of the Ninth Intern .Conf on Permafrost.-Fairbanks: Univ. Alaska, 2008.-V.1.-P.283-284.
[426] Shepelev V.V.,Sannikova A.V. The regime of suprapermafrost water in the Active Layer, Yakutsk Area // Proc. Of the 7th Intern.Symp.of Thermal Eng. and Sci. For Gold Regions. -Seoul, korea,2001.-P.139-143.

附录1　В. В. Шепелёв 教授简介

В. В. Шепелёв(Виктор Васильевич Шепелёв)，中文名为维克多·瓦西里耶维奇·舍佩廖夫，地质矿物学博士，教授，俄罗斯工程院通讯院士，黑龙江大学-俄科院西伯利亚冻土所中俄寒区水文和水利工程联合实验室俄方执行主任，萨哈(又称雅库特)共和国科学院院士、功勋科学家。

1941 年，舍佩廖夫出生于雅库特共和国的一个公职家庭。中学毕业后，进入雅库特河运学校水利工程部学习，毕业后在连斯克流域航道局工作，同时在夜校进修。1961 年，在新切尔卡斯克理工学院地质系学习，毕业后获得水文地质工程师资格证书，随后到哈萨克斯坦工作。1966 年，应苏联科学院西伯利亚分院冻土研究所所长的邀请，回到萨哈（雅库特）共和国，致力于寒区低温冻土地下水方向的科研工作。1969 年，考入列宁格勒普列汉诺夫矿业学院的研究生院。1973 年，以学位论文《关于雅库特东部地区冰泉的形成及发展状况》通过硕士研究生毕业答辩，之后回到苏联科学院西伯利亚分院冻土研究所工作。

近年来，舍佩廖夫主要致力于冻土学及地理生态学方面的科学研究。他建议对地球冰冻岩石圈及其水交换作用重新理解，具体地阐述了在自然水圈一体化和相态变化的条件下自然水循环的方式，阐明了多年冻土分布区的包气带及其地理生态作用，提出了判断全球气候变化的新方法，研究出冻土区城市抗冻方法，并且对冰泉及其水文地质作用进行了详实的研究。

1994 年，通过了以《冰冻岩层的冻结层上水形成、分布及发展状况》为题的博士论文答辩。

1996 年，获得了教授职称。

1978—2008 年，在东北联邦大学的冻土教研室任兼职教授。同时在 1983—1991 年间，任教研室的主任。目前任阿莫索夫东北联邦大学“地下水资源与工程地质勘察”专业的国家考试与鉴定委员会主席。

从1999年起，一直担任俄罗斯科学院西伯利亚分院麦尔尼克夫冻土研究所的科研副所长，同时还是俄罗斯科学院西伯利亚分院雅库特科研中心主席团成员、雅库特科学院主席团成员、俄罗斯科学院西伯利亚分院冻土研究所博士学位论文答辩委员会成员、萨哈（雅库特）共和国自然保护部公共生态理事会副主席、勒拿河流域水管理科技委员会成员、雅库茨克行政中心科技理事会成员、萨哈（雅库特）共和国自然保护部科技理事会成员、“雅库特”风险公司科技理事会会员、《科学与教育》杂志编委会成员以及科技畅销杂志《雅库特科学与技术》的主编。

2013年，任《黑龙江大学工程学报》外籍编委；2014年，任黑龙江大学水文与水资源工程专业客座教授。

舍佩廖夫曾荣获许多国家级奖项。2000年俄罗斯地理学会学者理事会为他颁发荣誉证书，以表彰他在地理领域杰出的科研工作。独立或合作发表（出版）的论文（专著、手册、教科书、教学地图）达300余篇（部）。

代表性的成果如下：

（1）维克多·瓦西里耶维奇·舍佩廖夫，B. M. 皮古佐娃. 冰泉研究方法[M]. 雅库茨克：雅库茨克出版社，1975.

（2）维克多·瓦西里耶维奇·舍佩廖夫，O. H. 托尔斯基辛，B. M. 皮古佐娃，等.东西伯利亚的冻土-水文地质条件[M].新西伯利亚：新西伯利亚出版社，1984.

（3）维克多·瓦西里耶维奇·舍佩廖夫.雅库特泉水[M]. 雅库茨克：雅库茨克出版社，1987.

（4）维克多·瓦西里耶维奇·舍佩廖夫.冻结层上水的形成与分布特征（教学参考书）[M].雅库茨克：雅库茨克出版社，1995.

（5）维克多·瓦西里耶维奇·舍佩廖夫.自然水圈一体化原则对研究地理生态学的重要性[J].地理生态学，1996（1）：41–50.

（6）维克多·瓦西里耶维奇·舍佩廖夫.地球冰冻岩石圈的概念[M].雅库茨克：雅库茨克出版社，1997.

（7）维克多·瓦西里耶维奇·舍佩廖夫，H. П.阿尼西莫夫，M. K. 加弗里洛夫，等.雅库特地区的冻土学研究[M].雅库茨克：雅库茨克出版社，1997.

（8）维克多·瓦西里耶维奇·舍佩廖夫.地球冰冻岩石圈和气候间的相互关系[J].地理与自然资源，1999（3）: 138–142.

（9）维克多·瓦西里耶维奇·舍佩廖夫，B. T. 巴洛巴耶夫.论全球气候循环对地球生物圈的作用[J].科学院学报，2001（2）: 247–251.

（10）维克多·瓦西里耶维奇·舍佩廖夫.自然界水循环[J].水资源，2001，28（1）: 418–423.

（11）维克多·瓦西里耶维奇·舍佩廖夫，A. B. 博伊措夫，H. Г. 奥别尔曼，等.寒区地下水监测[M]. 雅库茨克：雅库茨克出版社，2002.

（12）维克多·瓦西里耶维奇·舍佩廖夫，B. T. 巴洛巴耶夫，Л. Д. 伊万诺娃，等.雅库特中部地区的地下水状况及其开发前景[M]. 新西伯利亚：新西伯利亚出版社，2003.

（13）维克多·瓦西里耶维奇·舍佩廖夫.寒区冻结层上水[M]. 新西伯利亚：新西伯利亚出版社，2011.

（14）维克多·瓦西里耶维奇·舍佩廖夫.论寒区水交换的作用[J].俄罗斯东部地下水，2012：152–156.

（15）维克多·瓦西里耶维奇·舍佩廖夫.对韦尔纳茨基智力圈的思考[J].雅库特科技，2013（1）：3 – 7.

（16）维克多·瓦西里耶维奇·舍佩廖夫，戴长雷，于成刚. 寒区冻结岩层与地下水关系研究[J]. 黑龙江水利，2016，2（1）：10–18.

（17）维克多·瓦西里耶维奇·舍佩廖夫，戴长雷，张一丁. 寒区冻结层上地下水类型的划分[J]. 黑龙江水利，2016，2（2):7–15.

（18）维克多·瓦西里耶维奇·舍佩廖夫，戴长雷，张一丁. 亚欧大陆北部冻结层上地下水分布规律[J]. 黑龙江水利，2016，2（3）：19–26.

（19）维克多·瓦西里耶维奇·舍佩廖夫，戴长雷，张一丁. 寒区冻泉与冰丘形成机理分析[J]. 黑龙江水利，2016，2（4）：24–27.

（20）维克多·瓦西里耶维奇·舍佩廖夫，戴长雷，孙颖娜，等. 冻结层上包气带边界特征分析[J]. 黑龙江水利，2016，2（5）：17–21.

（21）维克多·瓦西里耶维奇·舍佩廖夫，戴长雷，孙颖娜，等. 寒区冻结层上包气带水分运移分析与计算[J]. 黑龙江水利，2016，2（6）：21–26.

（22）维克多·瓦西里耶维奇·舍佩廖夫，戴长雷，孙颖娜，等. 不同类型冻结层上水运动特征[J]. 黑龙江水利，2016，2（7）：18–24.

（23）维克多·瓦西里耶维奇·舍佩廖夫，戴长雷，孙颖娜，等. 俄罗斯永冻区冻结层上水动态特征[J]. 黑龙江水利，2016，2（8）：22–29.

（24）维克多·瓦西里耶维奇·舍佩廖夫，戴长雷，王敏，等. 冻结层上水的水文地球化学特征[J]. 黑龙江水利，2016，2（9）：20–27.

（25）维克多·瓦西里耶维奇·舍佩廖夫，戴长雷，王敏，等. 高寒区冰泉水探析[J]. 黑龙江水利，2016，2（10）：18–23.

（26）维克多·瓦西里耶维奇·舍佩廖夫，戴长雷，李卉玉. 人类活动对冻结层上水的影响[J]. 黑龙江水利，2016，2（11）：33–41.

（27）维克多·瓦西里耶维奇·舍佩廖夫，戴长雷，李卉玉. 冻结层上水地区实用排水措施[J]. 黑龙江水利，2016，2（12）：22–26.

附录2 “寒区水科学及国际河流研究”系列丛书简介

图书名称：“寒区水科学及国际河流研究”系列丛书 1 **寒区水资源研究**——首届“寒区水资源及其可持续利用学术研讨会”文集（“Research on Water Science in Cold Region and International Rivers” Series 1 **Research on Water Resources in Cold Region**—Proceedings of the 1st “Conference on Water in Cold Region”）
主编：赵惠新，戴长雷
出版社：黑龙江大学出版社（ISBN 978-7-81129-119-3）
出版时间：2009年7月

图书名称：“寒区水科学及国际河流研究”系列丛书 2 **寒区水循环及冰工程研究**——第2届“寒区水资源及其可持续利用学术研讨会”文集（“Research on Water Science in Cold Region and International Rivers” Series 2 **Research on Hydrologic Cycle and Ice Engineering in Cold Rigion**—Proceedings of the 2nd “Conference on Water in Cold Region”）
主编：戴长雷
出版社：中国水利水电出版社（ISBN 978-7-5084-7095-5）
出版时间：2009年12月

图书名称：“寒区水科学及国际河流研究”系列丛书 3 **冰情监测与预报**（“Research on Water Science in Cold Region and International Rivers” Series 3 **Survey and Forecast of River Ice**）
著者：戴长雷，于成刚，廖厚初，张宝森
出版社：中国水利水电出版社（ISBN 978-7-5084-8282-8）
出版时间：2010年12月

图书名称：“寒区水科学及国际河流研究”系列丛书 4 **Ice Regimes in Cold Regions and Hydrological Effects of Frozen Soil**（**寒区冰情及冻土水文效应**——第4届“寒区水资源及其可持续利用学术研讨会”文集）
主编：Chang-lei DAI , Min WU , Fu-li QI
出版社：Scientific Research Publishing（ISBN 978-1-935068-88-4）
出版时间：2011年8月

图书名称：“寒区水科学及国际河流研究”系列丛书 5 **东北寒水探索与世界寒水平台**——第6届“寒区水资源及其可持续利用学术研讨会”文集（“Research on Water Science in Cold Region and International Rivers” Series 5 **Ice, Snow, Permafrost in Northeast China and Their Information in the World**— Proceedings of the 6th “Conference on Water in Cold Region”）
主编：戴长雷，吴敏，李治军，彭程
出版社：哈尔滨地图出版社（ISBN 978-7-5465-0733-0）
出版时间：2013年7月

图书名称：“寒区水科学及国际河流研究”系列丛书 6　**寒区水科学概论**（“Research on Water Science in Cold Region and International Rivers” Series 6　**Introduction of Water Science in Cold Region**）
编著：戴长雷，李治军，于成刚，唐云松，贾青，张凤德
出版社：黑龙江教育出版社（ISBN 978-7-5316-7334-3）
出版时间：2014 年 4 月

图书名称：“寒区水科学及国际河流研究”系列丛书 7　**肖迪芳寒水研究暨黑龙江寒水探索**（“Research on Water Science in Cold Region and International Rivers” Series 7　**XIAO Difang's Researches on Hydrology in Cold Region and Ohters's Relative Works in Heilongjiang Province**）
编著：肖迪芳，戴长雷
出版社：哈尔滨地图出版社（ISBN 978-7-5465-1106-1）
出版时间：2015 年 1 月

图书名称：“寒区水科学及国际河流研究”系列丛书 8　**黑龙江（阿穆尔河）流域水势研究**（“Research on Water Science in Cold Region and International Rivers” Series 8　**Probing for Water Problems in the Basin of Heilongjiang (Amur) River**）
编著：戴长雷，李治军，林岚，彭程，曹伟征，谢永刚
出 版 社：黑龙江教育出版社（ISBN 978-7-5316-7740-6）
出版时间：2014 年 7 月

图书名称：“寒区水科学及国际河流研究”系列丛书 9　**寒区冻结层上水**“Research on Water Science in Cold Region and International Rivers” Series 9 **Suprapermafrost Waters in the Cryolithozone**
著者：维克多·瓦西里耶维奇·舍佩廖夫
译者：　戴长雷，李卉玉，孙颖娜，等
出 版 社：中国水利水电出版社（ISBN 978-7-5170-2858-1）
出版时间：2016 年 12 月

图书名称：“寒区水科学及国际河流研究”系列丛书 10　**黑龙江中下游中俄跨国界含水层水文地质图**（“Research on Water Science in Cold Region and International Rivers” Series 10 **Hydrogeologic Map of Sino— Russian Transboundary Aquifer in the Middle and Lower Reaches of Heilongjiang(Amur) River Basin**）
编者：董淑华，戴长雷，赵惠媛，季毅民（ISBN 978-7-5465-1616-5）
出版社：哈尔滨地图出版社
出版时间：2017 年 6 月

图书名称：“寒区水科学及国际河流研究”系列丛书 11　**乌苏里江流域水文水系图**（“Research on Water Science in Cold Region and International Rivers” Series 11　**Hydrologic Map of the Ussuri River Basin**）
编者：戴长雷，赵惠媛，李治军，季毅民
出版社：哈尔滨地图出版社（ISBN 978-7-5465-1617-2）
出版时间：2017 年 6 月

图书名称："寒区水科学及国际河流研究"系列丛书 12 **冻层水理性质和冻土水文效应探究**（"Research on Water Science in Cold Region and International Rivers" Series 12 **Discussion and Study on Physical Properties and Hydrological Effects of Frozen Soil**）
主编：戴长雷，董淑华，赵惠媛，孙颖娜，高宇
出版社：哈尔滨教育出版社（ISBN 978-7-5316-9434-2）
出版时间：2017年7月